# 추천사

새로운 교육 과정은 미래 사회에 대비한 창의력과 인성을 키우는 것을 목표로 하고 있습니다. 따라서 단순 암기해야 하는 내용은 대폭 줄고, 프로젝트 학습이나 토의 토론식 수업 중심이 됩니다. 또한 각 과목 간 융합을 통한 '창의적 융합인재 육성' 이른바 'STEAM'교육이 강조되고 있습니다. 특히 수학은 논리력과 문제 해결 과정 중심으로 개편되고 있습니다. 이제까지의 단순 암기식 학습이 아니라 스스로 개념과 원리를 이해하고 탐구할 수 있는 근본적인 학습 태도와 학습 동기를 변화시키고자 하는 의지를 담고 있는 것입니다.

이러한 새로운 교육 방향이 저희 와이즈만 영재교육에게는 전혀 낯설지 않습니다. 와이즈만에서는 오래전부터 창의적인 인재를 양성하기 위해 구성주의 이론을 적용한 창의사고력 수학을 가르쳐왔기 때문입니다. 이번 '즐깨감 초등 수학 시리즈' 에서도 와이즈만 영재교육이 오랫동안 쌓아온 경험과 성과가 잘 녹아 있습니다.

'즐깨감 초등 수학 시리즈'는 생활 속에서 접하는 상황이나 퍼즐, 게임 등과 같이 다양한 소재를 이용해 학생들이 수학에 대한 거부감 없이 쉽게 접근할 수 있도록 했습니다. 학생들은 본 교재를 통해 재미있는 수학을 접하고 원리를 이해하는 습관을 기르면서 수학에 대해 유연하게 사고하는 방법을 익힐 수 있습니다. 무엇보다도 '수와 연산' '도형' '규칙성과 문제해결' '측정·확률과 통계' 같은 다양한 영역에서 집중적으로 실력을 다져 모든 영역에서 수학적 능력을 발휘할 수 있습니다.

와이즈만 영재교육 연구소는 수학을 처음 접하는 아이들이 수학 문제를 푸는 동안 즐거움과 깨달음을 얻고, 감동을 품을 수 있기를 간절히 기원합니다.

와이즈만영재교육연구소 소장
**이미경**

# 1학년에는 즐깨감 수학

## 와이즈만 영재교육연구소 지음

즐거움과 깨달음, 감동이 있는 교육 문화를 창조한다는 사명으로 우리나라의 수학, 과학 영재교육을 주도하면서 창의 영재수학과 창의 영재과학 교재 및 프로그램을 개발했습니다. 구성주의 이론에 입각한 교수학습 이론과 창의성 이론 및 선진 교육 이론 연구 등에도 전념하고 있습니다. 국내 최고의 사설 영재교육 기관인 와이즈만 영재교육에 교육 콘텐츠를 제공하고 교사 교육을 담당하고 있습니다. 이 책을 책임 집필하신 분은 임성숙 선생님입니다.

# 처음 시작하는 초등 사고력 수학

# 1학년에는 즐깨감 수학 : 수와 연산

**1판 1쇄 발행** 2012년 7월 10일 **개정증보판 1판 1쇄 발행** 2025년 12월 30일

글 와이즈만 영재교육연구소 | 그림 김차경 | **발행처** 와이즈만 BOOKs | **발행인** 염만숙
**출판사업본부장** 김현정 | **편집** 김예지 양다운 이지웅
**디자인** 디자인제이
**편집진행** 마이퍼스트스파크
**마케팅** 강윤현 장하라

**출판등록** 1998년 7월 23일 제1998-000170
**제조국** 대한민국 | **사용 연령** 6세 이상
**주소** 서울특별시 서초구 남부순환로 2219 나노빌딩 5층
**전화** 마케팅 02-2033-8987 편집 02-2033-8928
**팩스** 02-3474-1411
**전자우편** books@askwhy.co.kr
**홈페이지** mindalive.co.kr

응용편
실력편
입학 준비편
과학창의력
즐깨감 초등 수학은 개정
교육과정에 따라 〈수와 연산〉,
〈도형〉, 〈규칙성과 문제해결〉,
〈측정·확률과 통계〉의 네 영역으로
커리큘럼을 설계하였습니다.

# 이 책의 구성과 활용

## STEP 1

### 생각이 자라는

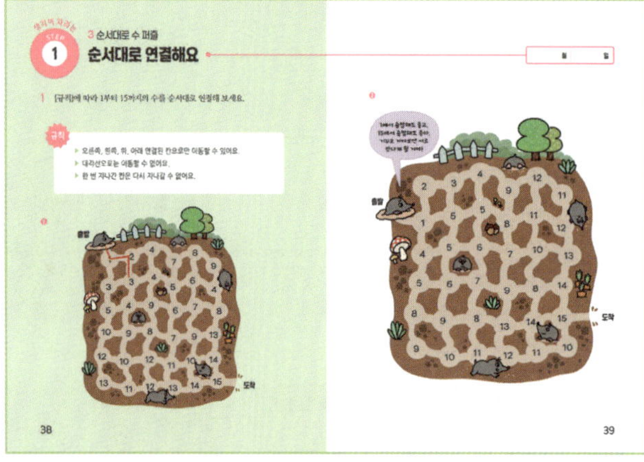

수학의 개념과 원리를 익히는 활동입니다. 생활 속 소재나 이야기를 통해 흥미를 불러일으키며, 개념별로 다양한 유형의 문제를 풀면서 기초를 튼튼히 다질 수 있습니다. 난이도 하, 중하 수준의 문제로 구성되었습니다.

## STEP 2

### 응용력이 커지는

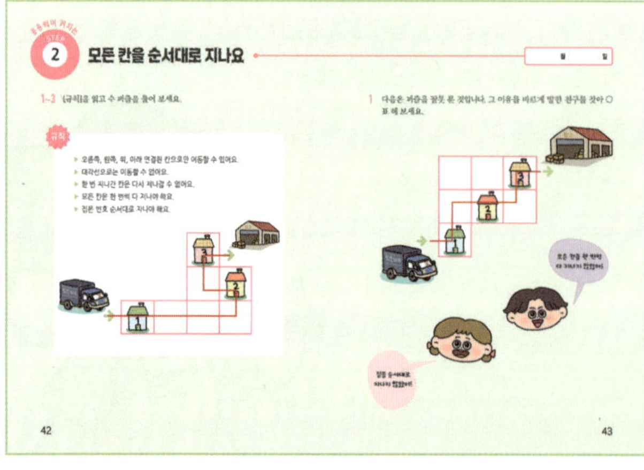

1단계에서 개념을 이해한 다음, 실제로 적용하고 응용해 보는 활동입니다. 기본적인 개념 확인 문제를 비롯해 이해력, 계산력, 논리력, 문제 해결력 등을 기를 수 있는 문제로 구성했습니다. 난이도는 중, 중상 수준이며, 이 단계를 통해 수학적 사고의 폭을 확장할 수 있습니다.

# STEP 3

## 창의력이 샘솟는

일반적인 유형에서 나아가 사고력과 창의력을 기르는 활동입니다. 퍼즐이나 미로 등을 활용한 사고력 문제, 여러 개념을 종합한 융복합 문제 등으로 구성했습니다. 난이도는 중, 중상 수준이며, 이 단계를 통해 수학적 추론 능력과 창의적 문제 해결력을 기를 수 있습니다.

# STEP 4

## 답지를 확인해요

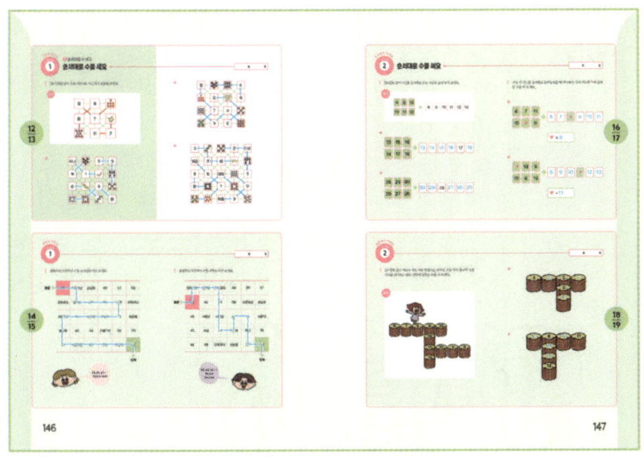

정답을 한눈에 알아볼 수 있도록 본문 위에 파란색으로 답을 표시하였습니다. 창의적인 아이들은 정답 외에도 다양한 답을 떠올립니다. 부모님이 판단하실 때, 아이의 답이 논리적이고 합당하다면 칭찬해 주세요. 또한, 정답이 아니더라도 열심히 노력한 자세나 문제 해결 과정을 격려한다면 수학에 자신감을 얻을 수 있습니다.

# 차례

# 크고 작은
# 순서대로

1 순서대로 수 세기
2 순서대로 비교하기
3 순서대로 수 퍼즐

**① 순서대로 수 세기**

# 순서대로 수를 세요

**1** [보기]처럼 같은 수를 나타내는 카드끼리 연결해 보세요.

보기

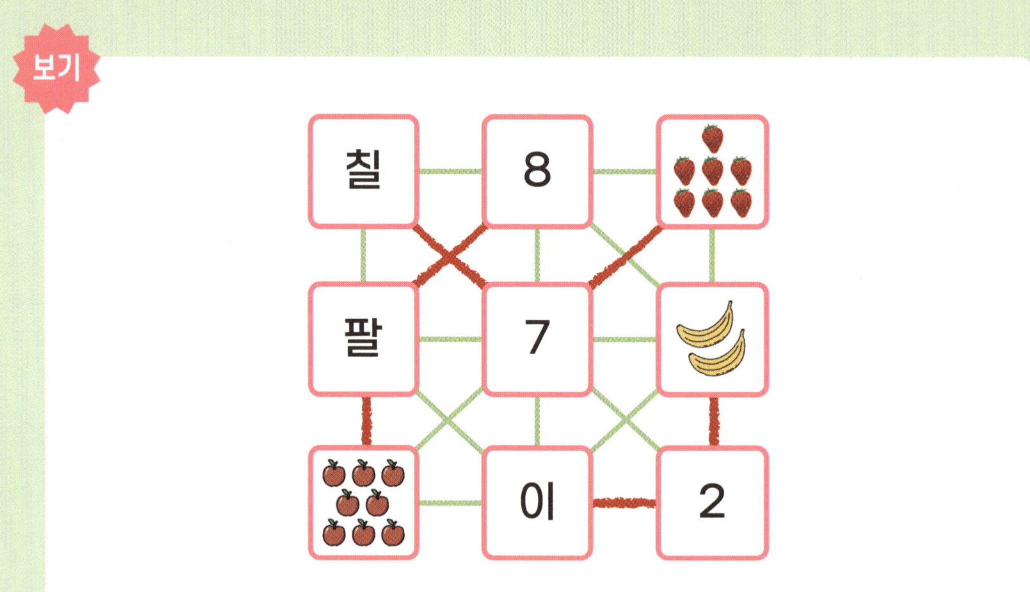

①

**②**

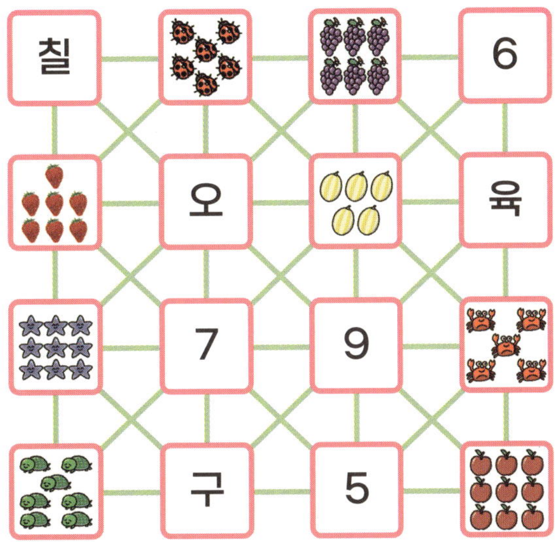

**③**

**2** 출발부터 도착까지 수를 순서대로 이어 보세요.

| 출발 → | | | | | |
|---|---|---|---|---|---|
| 25 | 스물여섯 | 삼십칠 | 40 | 41 | 52 |
| 마흔여섯 | 이십칠 | 28 | 29 | 서른 | 마흔하나 |
| 서른다섯 | 34 | 삼십삼 | 삼십이 | 31 | 마흔둘 |
| 삼십육 | 45 | 44 | 스물다섯 | 22 | 33 |
| 37 | 서른여덟 | 39 | 마흔 | 사십일 | 42 |

도착

**3** 출발부터 도착까지 수를 거꾸로 이어 보세요.

| | | | | | |
|---|---|---|---|---|---|
| 마흔아홉 | 사십팔 | 마흔일곱 | 40 | 36 | 37 |
| 50 | 42 | 46 | 38 | 서른일곱 | 삼십삼 |
| 46 | 서른넷 | 사십오 | 42 | 41 | 서른넷 |
| 45 | 사십 | 44 | 사십삼 | 마흔 | 35 |
| 48 | 49 | 마흔하나 | 사십칠 | 39 | 38 |

출발 →

도착

# 순서대로 수를 써요

**1** [보기]와 같이 카드를 순서대로 또는 거꾸로 늘어 놓아 보세요.

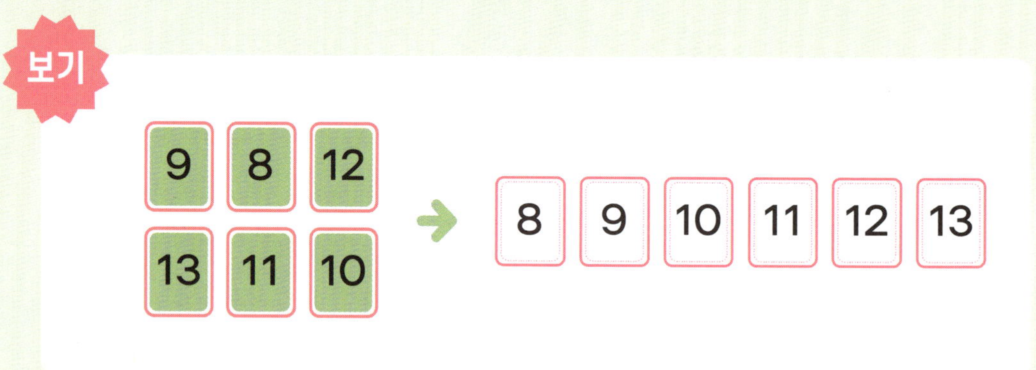

**보기**

| 9 | 8 | 12 |
| 13 | 11 | 10 |

→ | 8 | 9 | 10 | 11 | 12 | 13 |

**①**

| 13 | 15 | 18 |
| 14 | 17 | 16 |

→ | | | | | 17 | |

**②**

| 28 | 25 | 30 |
| 29 | 27 | 26 |

→ | | | 28 | | | |

**2** 다음 수 카드를 순서대로 늘어놓았을 때 연속하는 수가 되도록 ♥에 알맞은 수를 써 보세요.

❶

♥ =

❷

♥ =

**3** [보기]와 같이 가로나 세로 어떤 방향이든 연속된 수를 따라 통나무 징검
다리를 건너려고 해요. 빈칸에 알맞은 수를 써 보세요.

보기

**①**

**②**

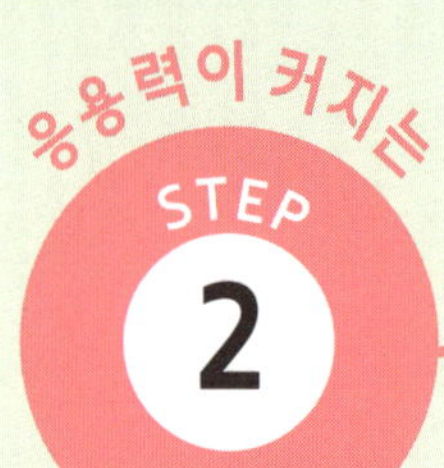

③ 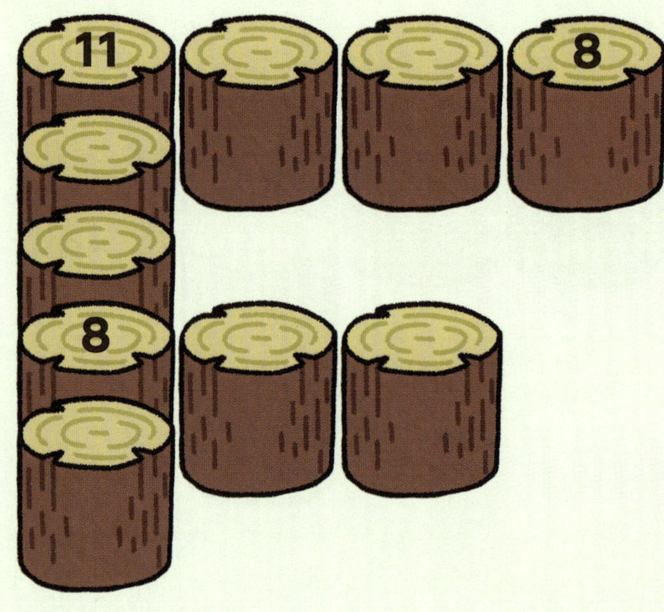


④ 

❺

❻

❼

❽

# STEP 3 순서를 찾아봐요

**1** 방 번호는 [보기]와 같이 연속된 수로 이어져요. 생쥐는 고양이를 피해서 9번 방에 숨어 있대요. 생쥐가 숨어 있는 방을 모두 찾아 ○표 해 보세요.

보기

**❶**

❷

❸

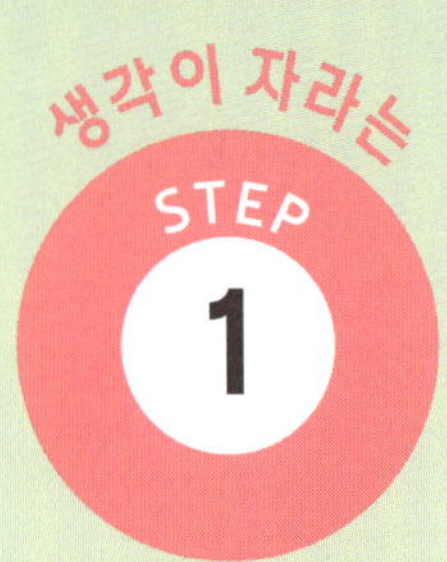

생각이 자라는 STEP 1

## ❷ 순서대로 비교하기

# 수의 크기를 비교해요

1 다람쥐는 밖에서 안으로 더 큰 수를 따라 앞 또는 옆으로 걸어가요. 빨간 다람쥐가 '라'까지 도착한 길을 보며, 노란 다람쥐, 초록 다람쥐가 도착한 방석의 기호를 각각 ○ 안에 써 보세요.

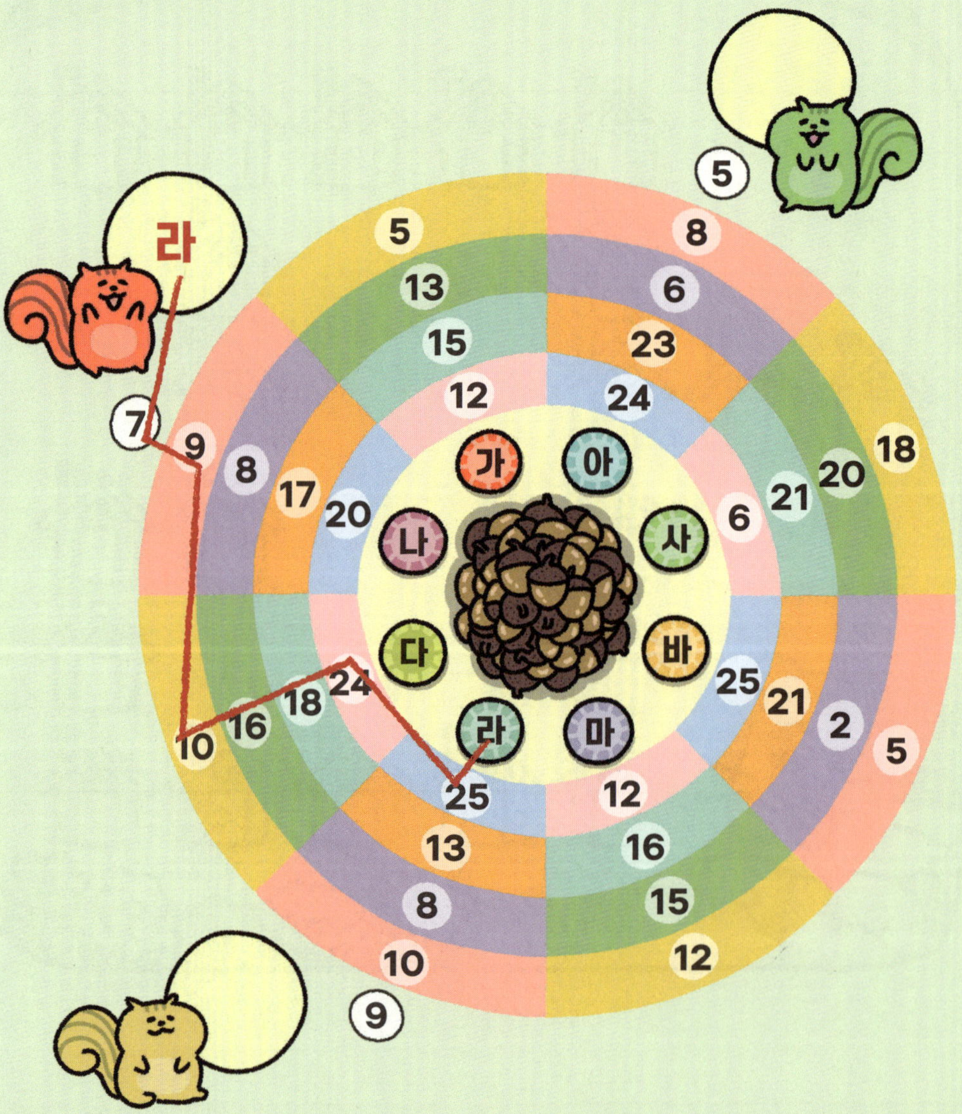

**2** 이번에 다람쥐는 밖에서 안으로 더 작은 수를 따라 앞 또는 옆으로 걸어가요. 빨간 다람쥐가 '바'까지 도착한 길을 보며, 노란 다람쥐, 파란 다람쥐가 도착한 방석의 기호를 각각 ○ 안에 써 보세요.

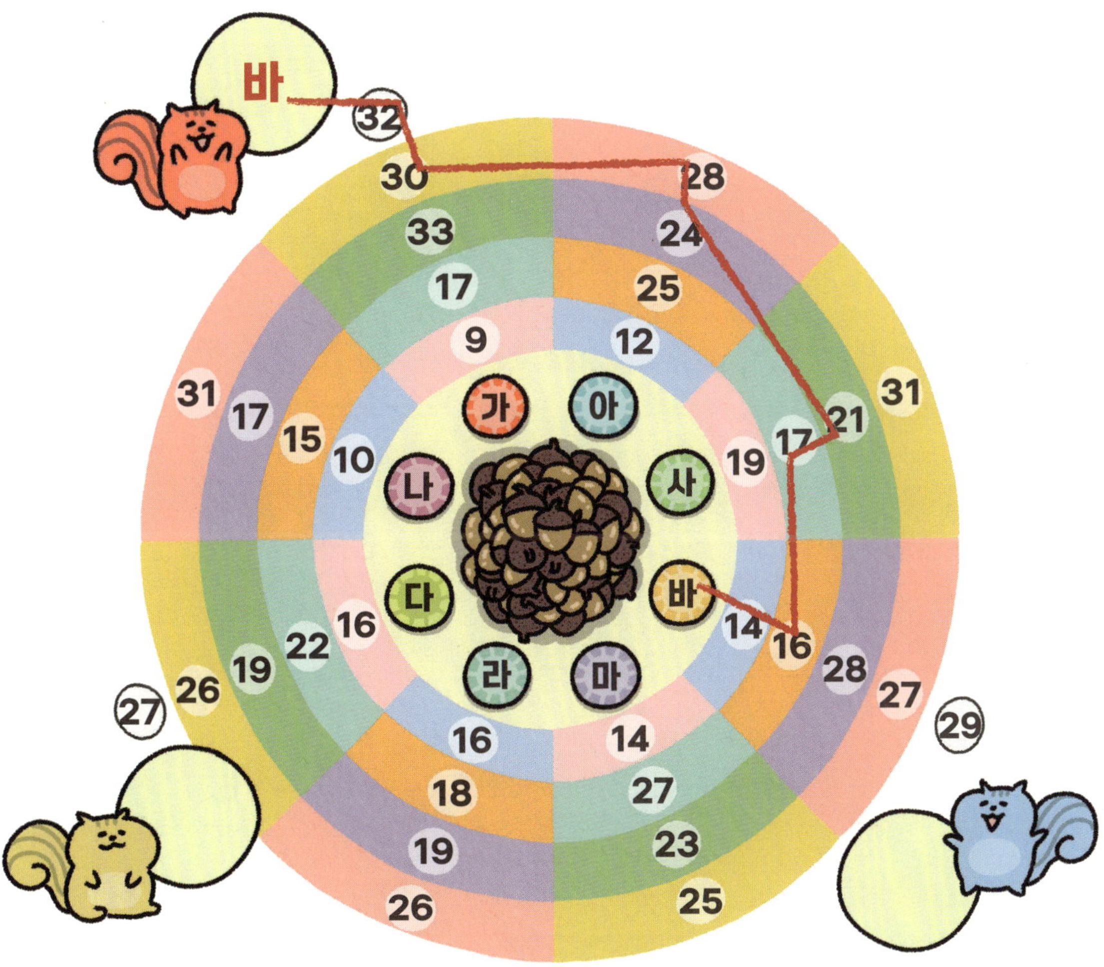

**3** [보기]와 같이 출발에서 도착까지 가려고 해요. 다른 카드로 이동할 때는 가로, 세로, 대각선으로 연결된 카드이면서 더 큰 수가 적힌 카드로만 움직일 수 있어요. 출발부터 도착까지 선으로 연결해 보세요.

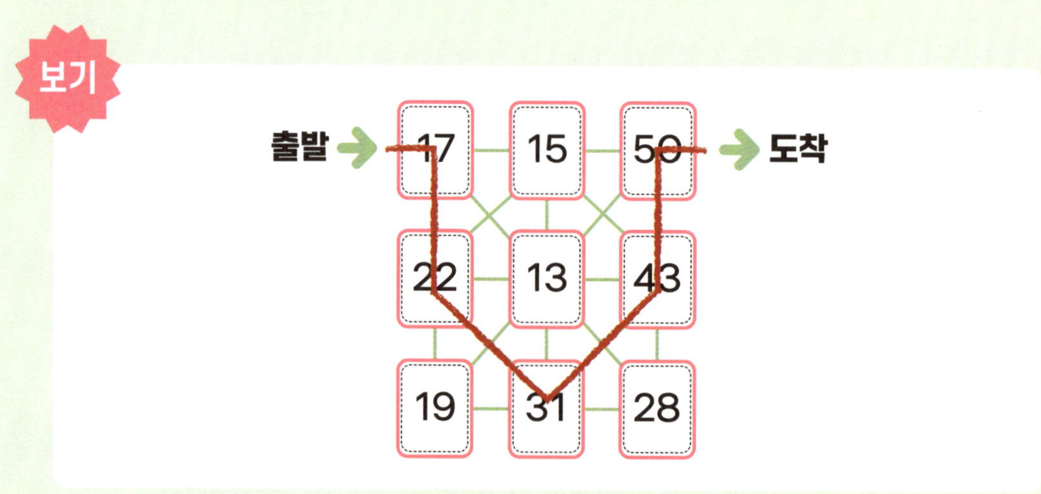



① 

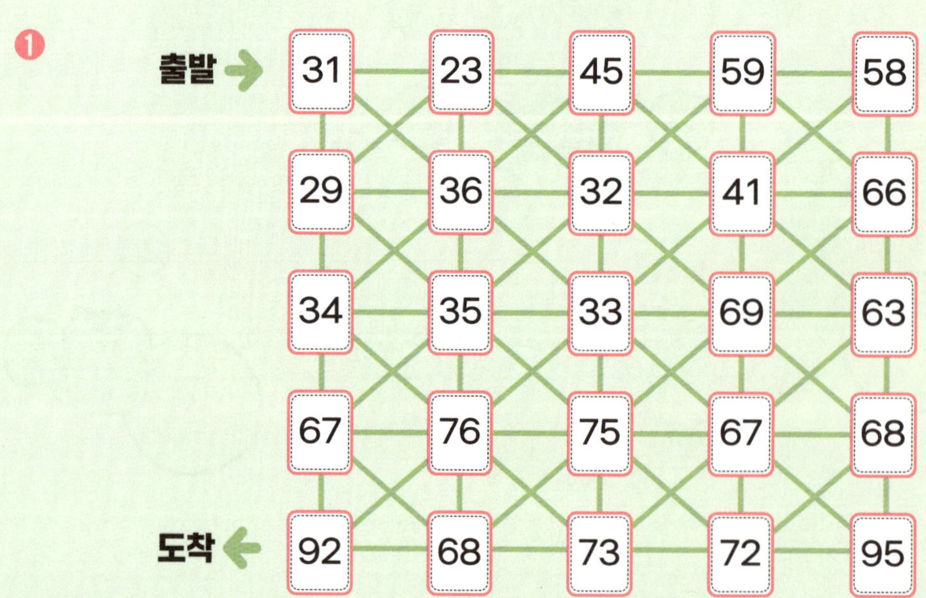



30

❷ 출발

12 11 19 21 16 13 22
13 12 25 24 36 40 31
10 21 20 36 42 41 45
15 20 19 24 31 49 37
95 79 73 74 67 15 23
89 76 81 65 61 57 98
99 78 80 85 92 95 84

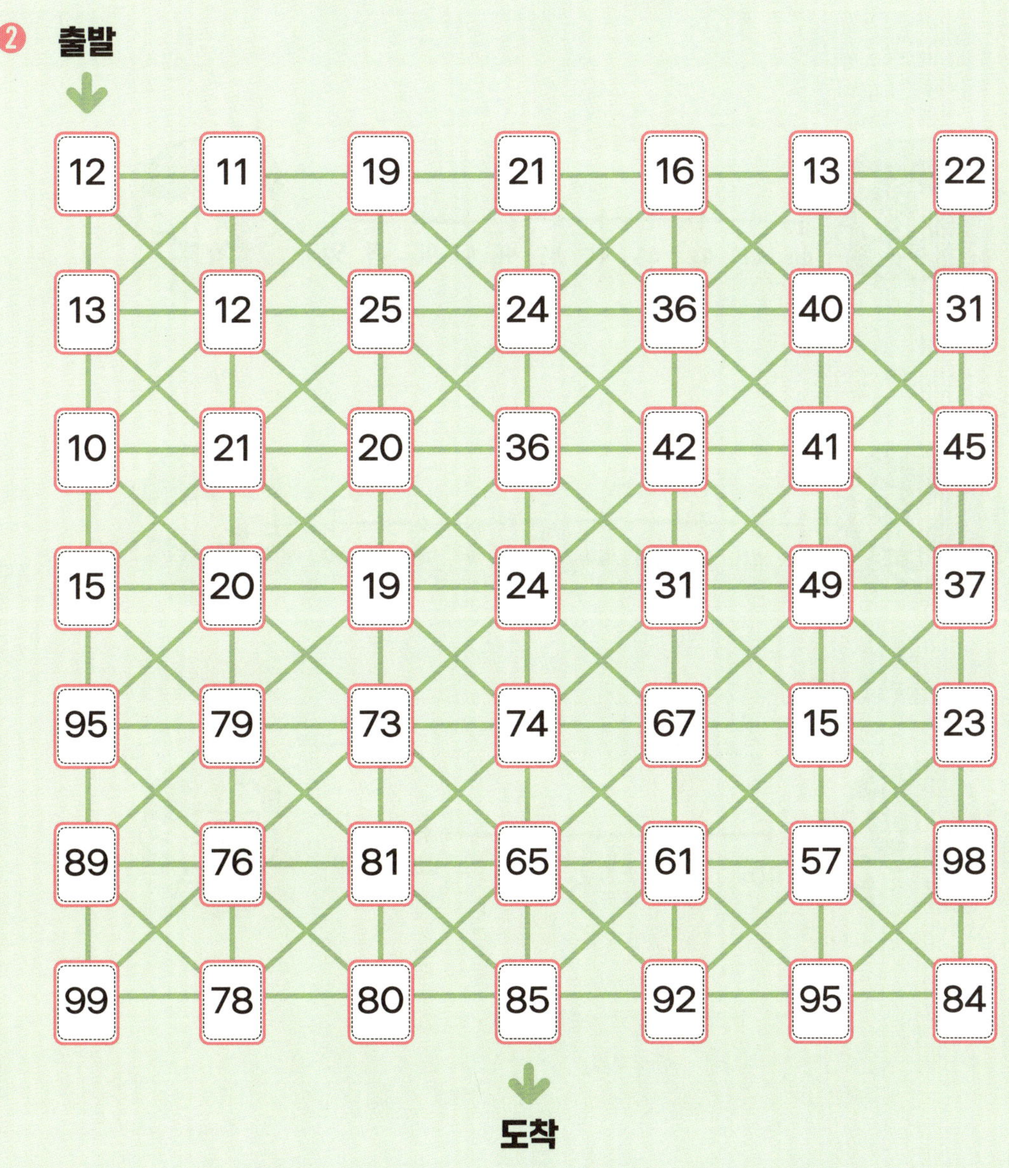

도착

# 수의 특징을 살펴요

**1** 도연이와 시우가 수 맞히기 놀이를 하고 있어요. 두 사람의 대화를 읽고 도연이가 말한 수를 써 보세요.

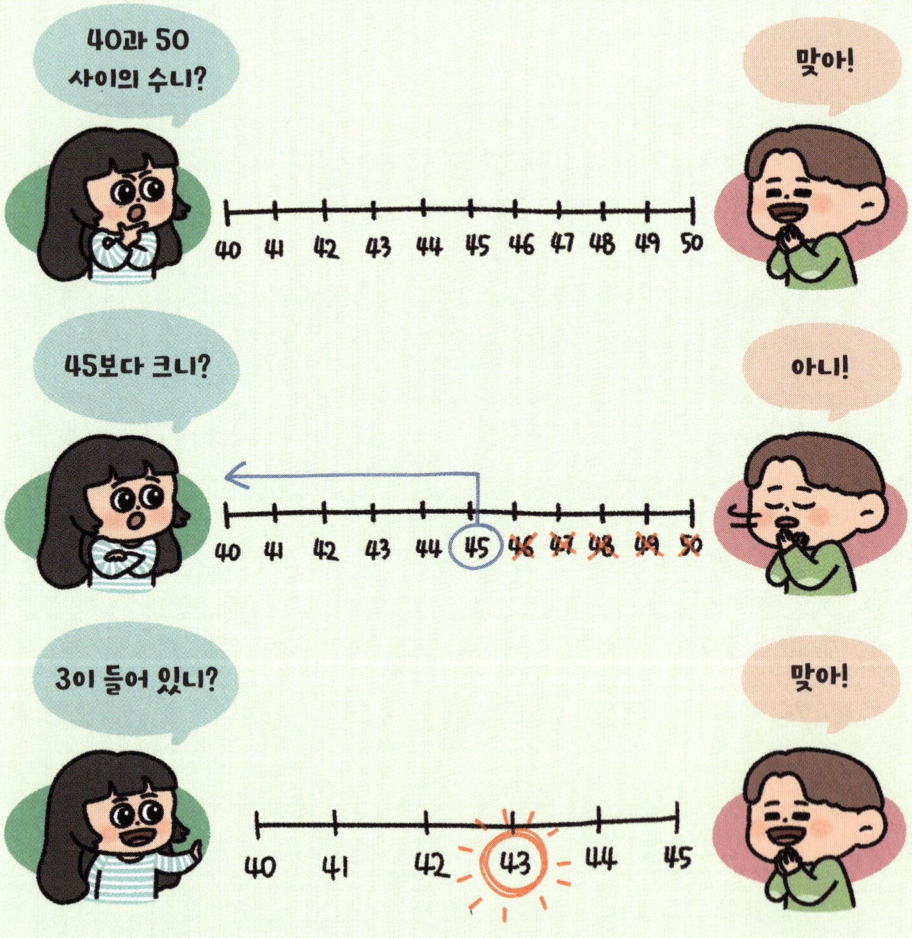

**2** 다음에서 설명하는 수를 찾아 써 보세요.

**❶**

> ▶ 40보다 큰 수입니다.
> ▶ 50보다 작은 수입니다.
> ▶ 숫자 6이 들어 있습니다.

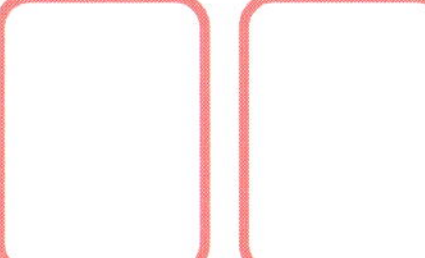

**❷**

> ▶ 40보다 작은 수입니다.
> ▶ 30보다 큰 수입니다.
> ▶ 같은 숫자가 2번 들어갑니다.

**❸**

> ▶ 50보다 큰 수입니다.
> ▶ 60보다 작은 수입니다.
> ▶ 각 자리 숫자의 합이 8입니다.

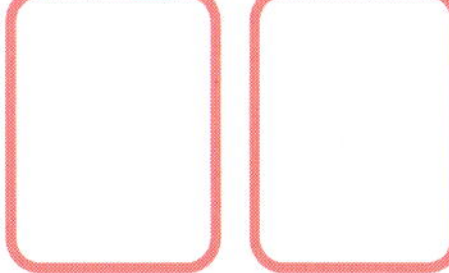

**3** 다음 친구들이 설명하는 수를 찾아 써 보세요.

**1**



**2**



**3**



**4**



**5**

**4** 가로 열쇠, 세로 열쇠를 보고 가로세로 수 퍼즐을 완성해 보세요.

**❶**

**가로 열쇠**

㉮ 십의 자리 숫자가 1인 두 자리 수 중 가장 작은 홀수

㉰ 두 자리 수 중 가장 큰 짝수

**세로 열쇠**

㉯ 십의 자리 숫자가 1인 두 자리 수 중 가장 큰 수

㉱ 각 자리 숫자의 합이 10인 두 자리 수

**❷**

**가로 열쇠**

㉮ 십의 자리 숫자가 5인 두 자리 수 중 가장 큰 홀수

㉱ 십의 자리 숫자가 일의 자리 숫자보다 1만큼 더 큰 두 자리 수

**세로 열쇠**

㉯ 십의 자리 숫자가 9인 두 자리 수 중 가장 작은 수

㉰ 십의 자리 숫자가 6인 두 자리 수 중 가장 큰 짝수

# 큰 수와 작은 수를 찾아봐요

**1** 4장의 수 카드를 한 번씩 모두 이용해서 가장 큰 두 자리 수와 가장 작은 두 자리 수를 각각 만들어 보세요.

❶



가장 큰
두 자리 수

가장 작은
두 자리 수

❷



가장 큰
두 자리 수

가장 작은
두 자리 수

**2** 4장의 수 카드 중에서 한 번씩만 이용해서 다음 조건을 만족하는 수를 각각 만들어 보세요.

**❶** 4장의 수 카드 중 2장을 골라 40보다 작은 두 자리 수 중 가장 큰 수를 만들어 보세요.

**❷** 4장의 수 카드 중 2장을 골라 60보다 큰 두 자리 수 중 가장 작은 수를 만들어 보세요.

**❸ 순서대로 수 퍼즐**

# 순서대로 연결해요

**1** [보기]에 따라 1부터 15까지의 수를 순서대로 연결해 보세요.

**보기**

▶ 오른쪽, 왼쪽, 위, 아래 연결된 칸으로만 이동할 수 있어요.
▶ 대각선으로는 이동할 수 없어요.
▶ 한 번 지나간 칸은 다시 지나갈 수 없어요.

❶

❷

❸

④

# 모든 칸을 순서대로 지나요

**1~3** [보기]를 읽고 수 퍼즐을 풀어 보세요.

> ▶ 오른쪽, 왼쪽, 위, 아래 연결된 칸으로만 이동할 수 있어요.
> ▶ 대각선으로는 이동할 수 없어요.
> ▶ 한 번 지나간 칸은 다시 지나갈 수 없어요.
> ▶ 모든 칸은 한 번씩 다 지나야 해요.
> ▶ 집은 번호 순서대로 지나야 해요.

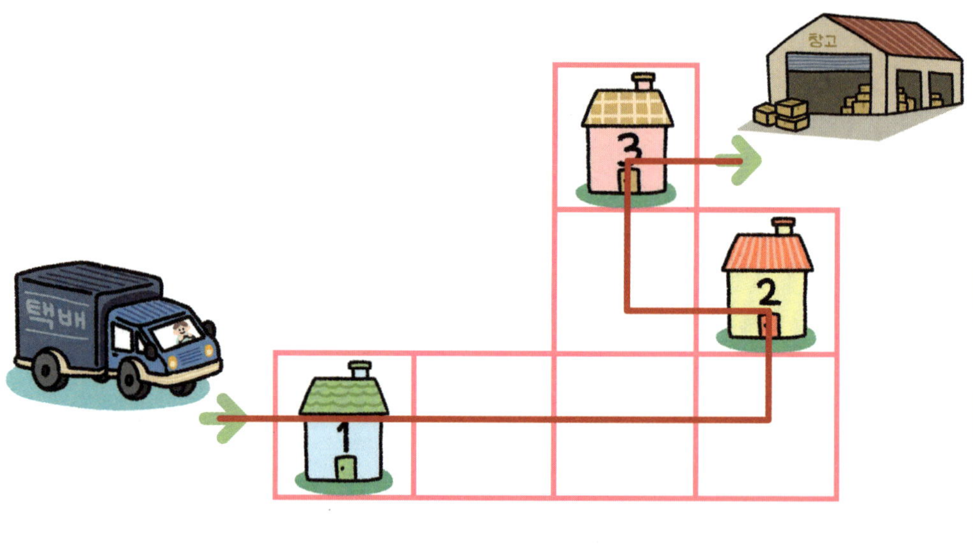

**1** 다음은 퍼즐을 잘못 푼 것입니다. 그 이유를 바르게 말한 친구를 찾아 ○표 해 보세요.

**2** [보기]에 따라 수를 순서대로 이어 길을 찾아 보세요.

❶

❷

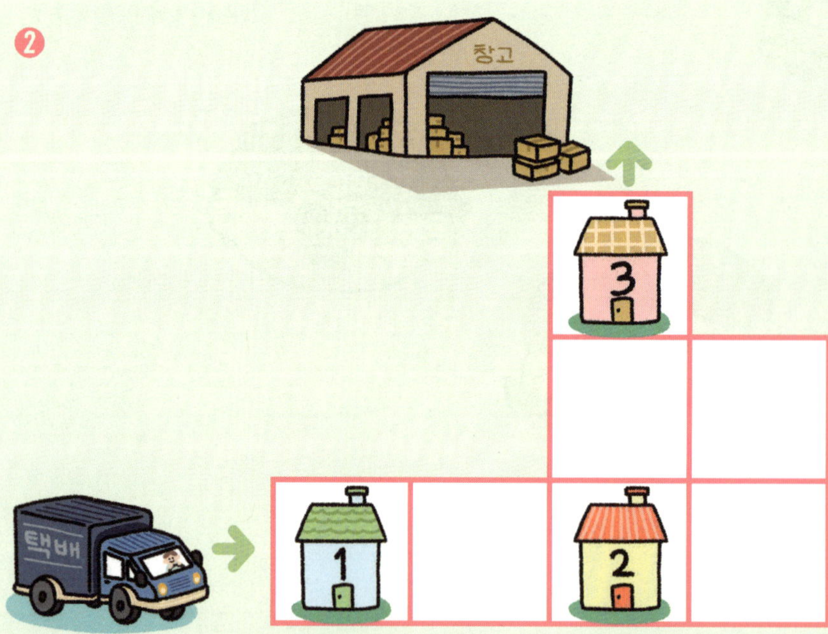

❸

❹

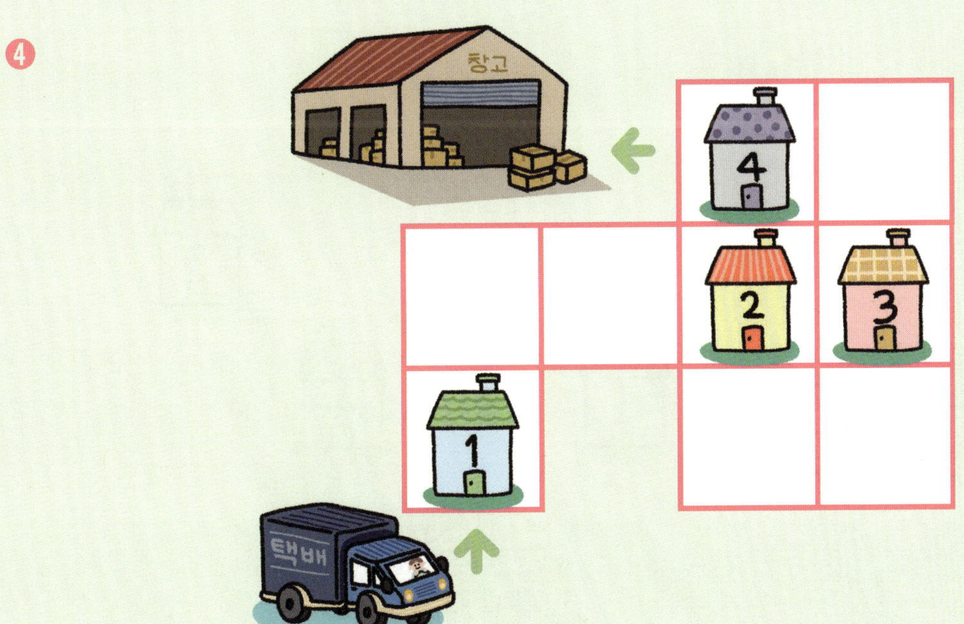

**3** [보기]에 따라 수를 순서대로 이어 길을 찾아 보세요.

❶

❷

**3**

**4**

# STEP 3 어느 수가 더 클까?

**1**  [보기]와 같이 퍼즐을 풀어 보세요.

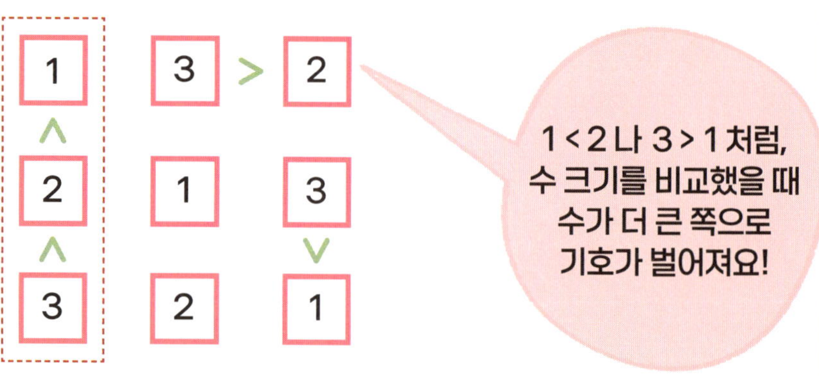

**보기**

▶ >, < 기호에 따라 빈칸에 알맞은 수를 써 넣으세요.
▶ 모든 가로줄과 세로줄에는 1, 2, 3이 모두 한 번씩 들어가요.



**①**

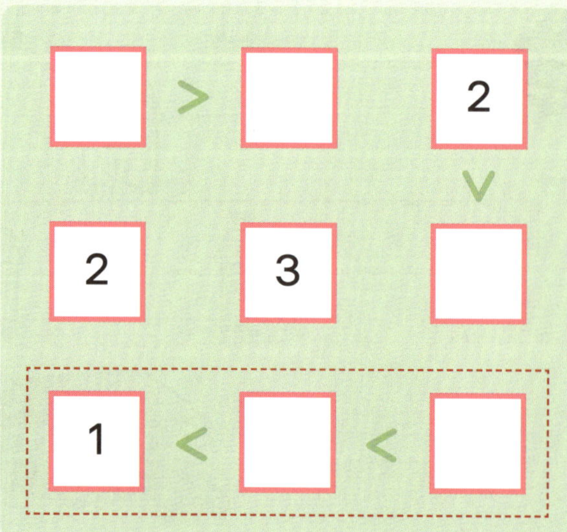

**❷**

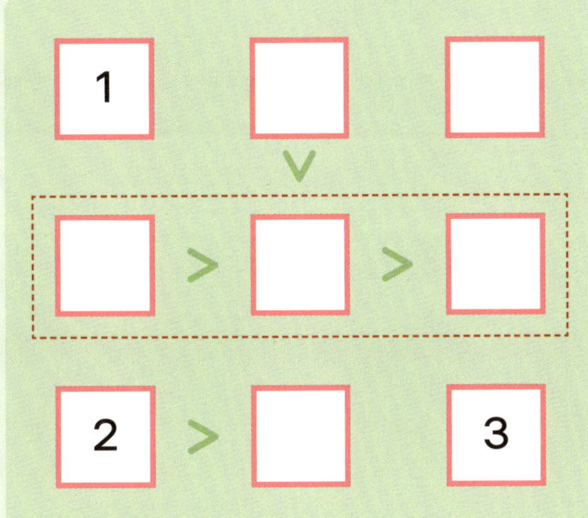

**❸**

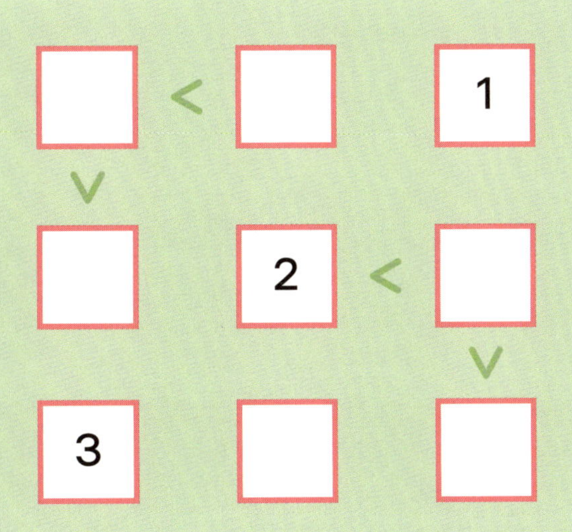

④

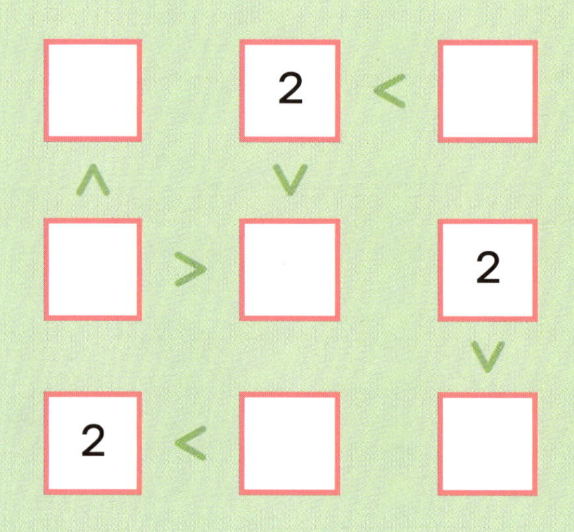

⑤

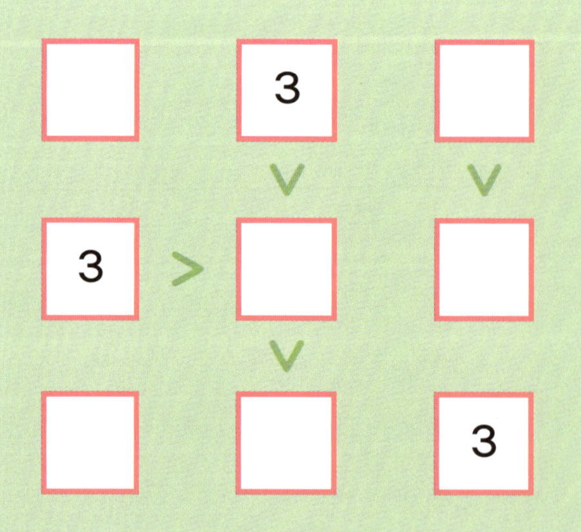

**6**

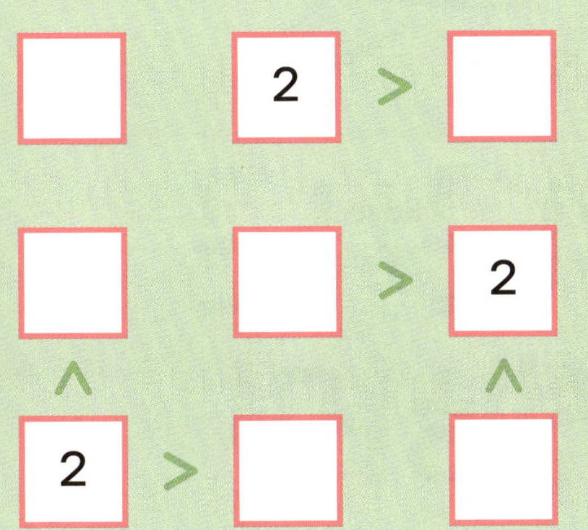

**7**

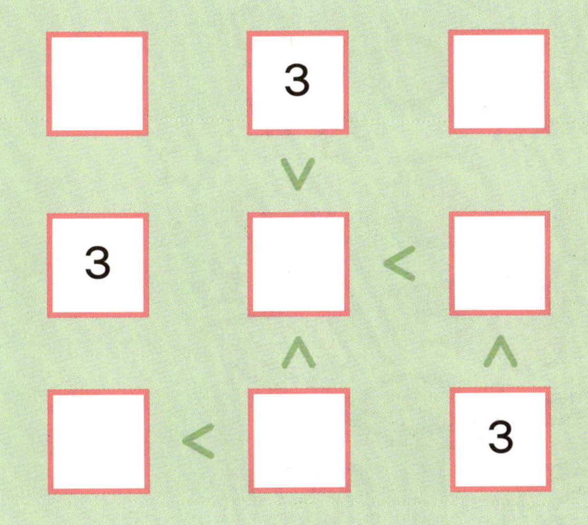

# 차근차근
# 셈하면

1 가르고 모으기
2 더하고 빼기
3 더해서 10 만들기

**1 가르고 모으기**

# 두 수로 가르고 모아요

1 에 적힌 수를 둘로 나눠 체리에 각각 써 보세요.

❶

❷

**③**

**④**

**2** 두 주사위 눈의 수를 모았을 때 7이 되는 주사위끼리 선으로 연결해 보세요. 짝이 없이 남는 주사위는 찾아서 ○표 해 보세요.

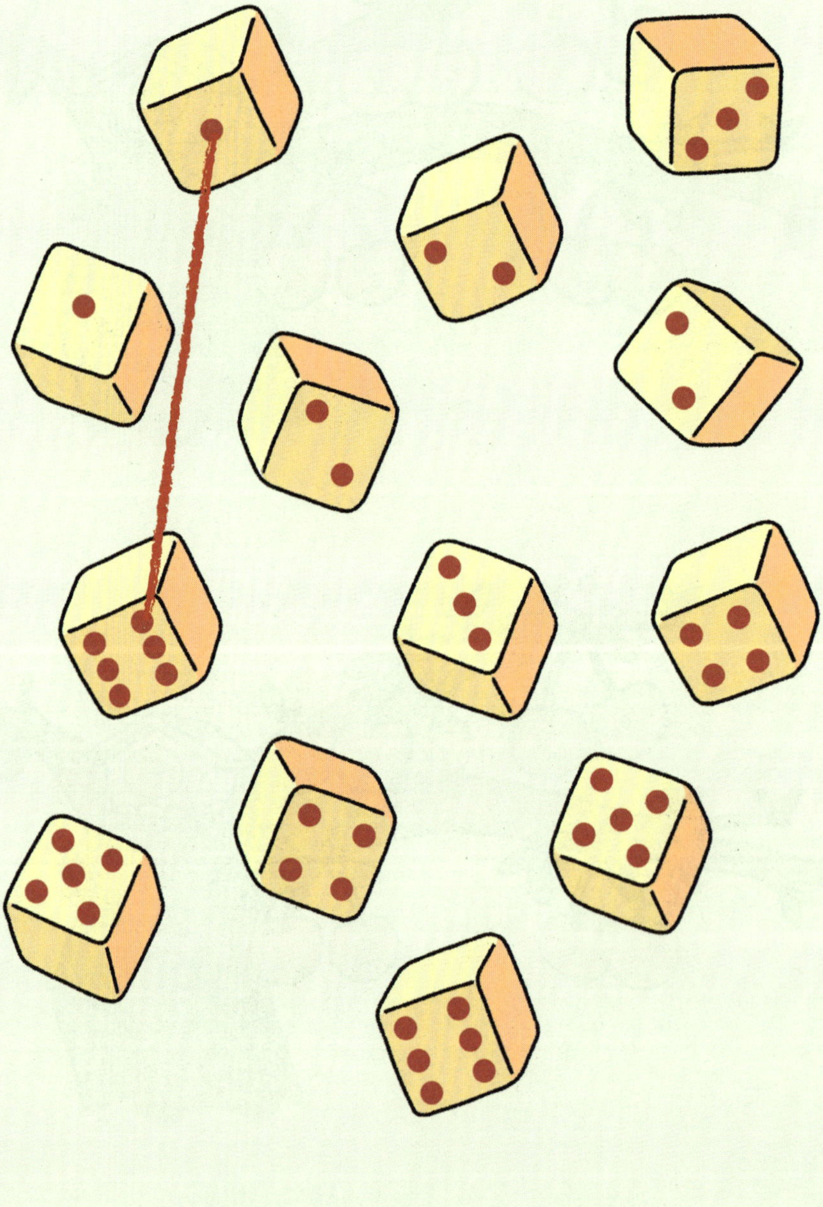

**3** 두 무당벌레 점의 수를 모았을 때 8이 되는 무당벌레끼리 선으로 연결하세요. 짝이 없이 남는 무당벌레는 찾아서 ○표 해 보세요.

# 여러 번 가르고 모아요

1 [보기]와 같은 규칙으로 빈칸에 알맞은 수를 써 보세요.

보기

❶

❷

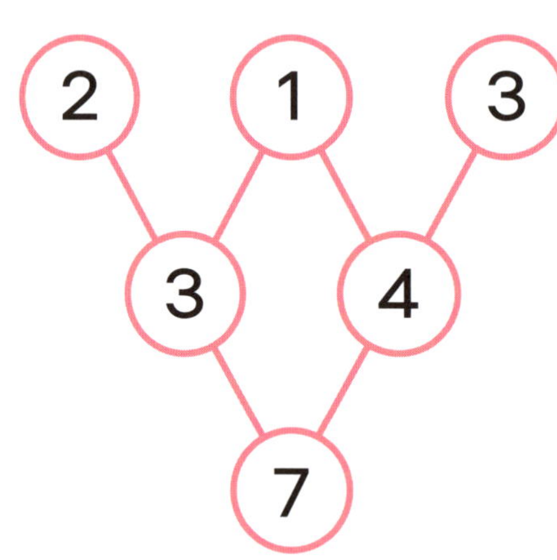

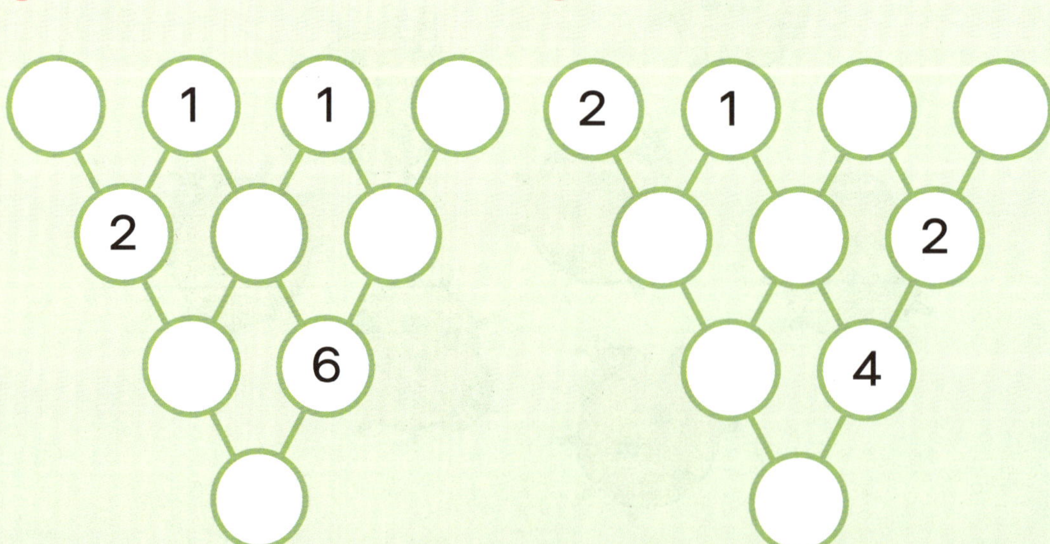

**2** [보기]와 같은 규칙으로 빈칸에 알맞은 수를 써 보세요.

보기

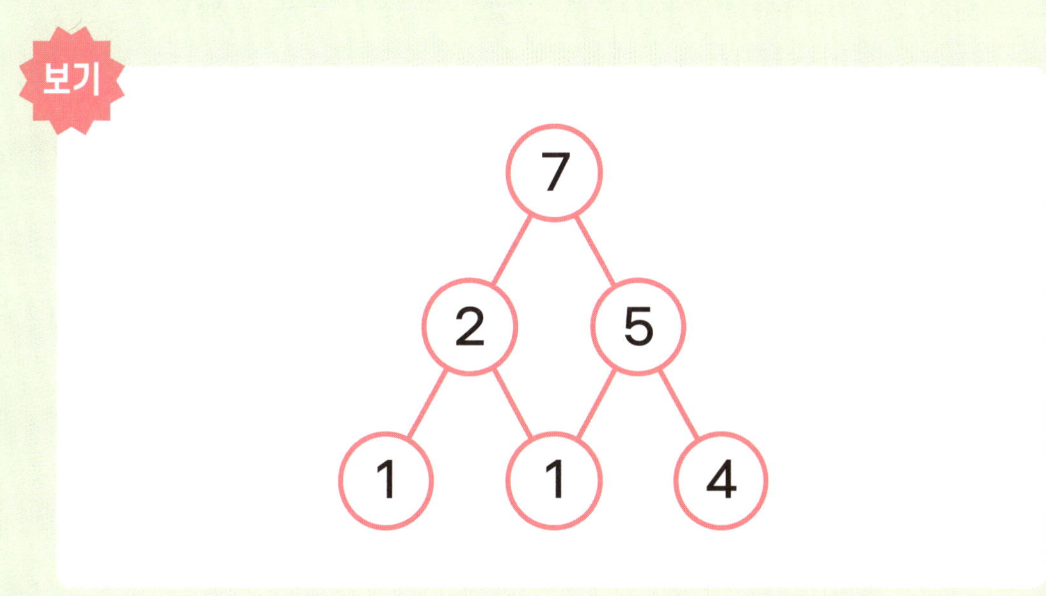

❶

❷

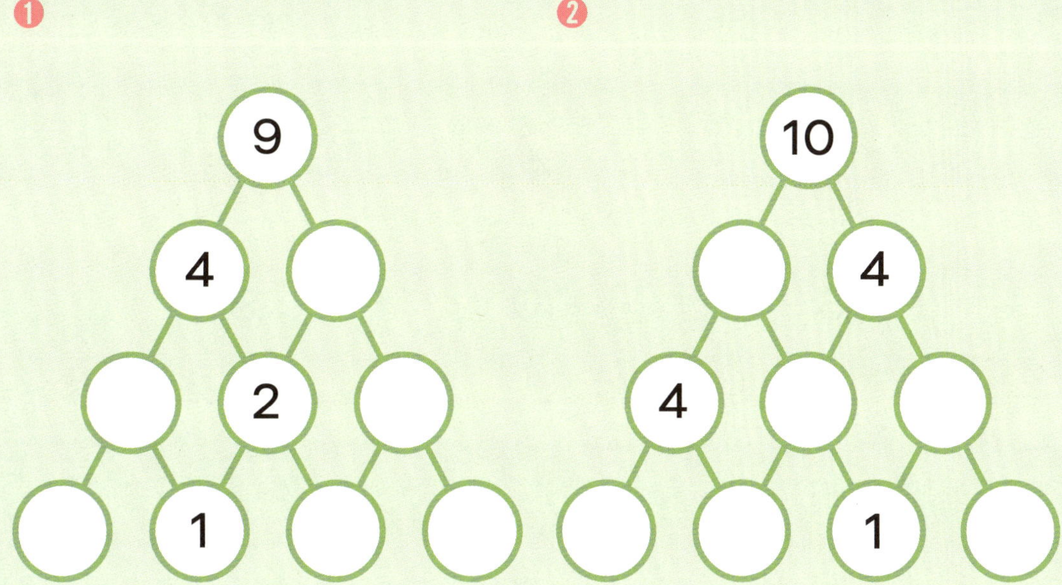

**3** 분홍 동그라미 안의 세 수를 모아 세모 안에 있는 수가 되도록 만들어 보세요. ● 안에 1부터 9까지 수 중 알맞은 수를 찾아 써 보세요.

**❶**

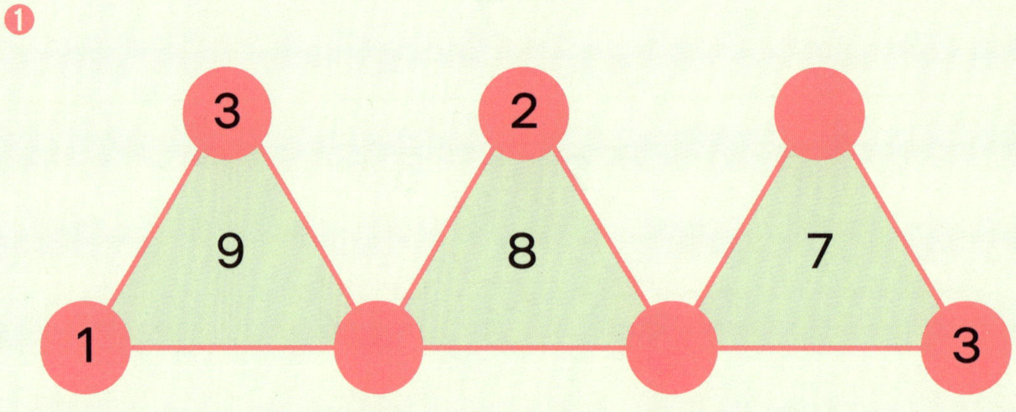


**❷**

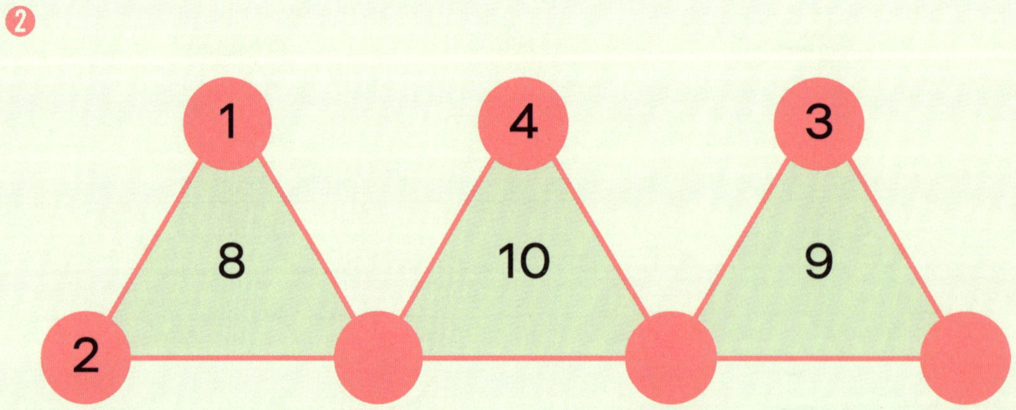

❸

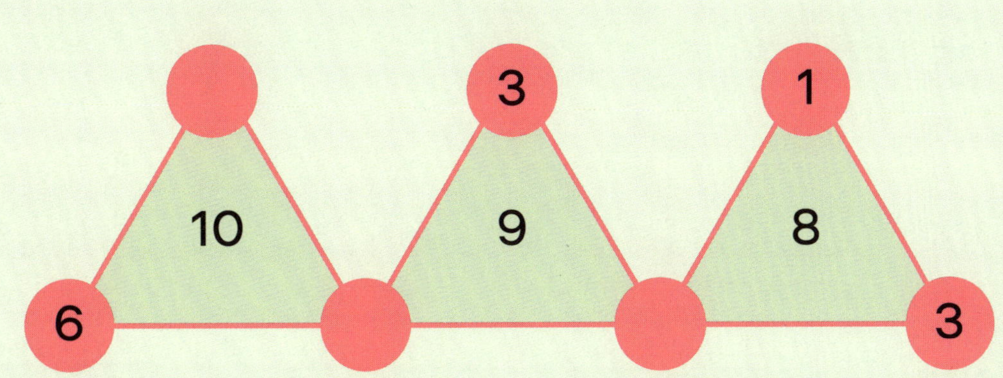

❹

# 여러 수로 갈라요

**1** 다음 수 카드를 이용해 6을 둘로, 셋으로 가르는 방법을 찾아보세요. 같은 카드를 여러 번 이용할 수 있어요.

❶ 6을 둘로 가르기

❷ 6을 셋으로 가르기

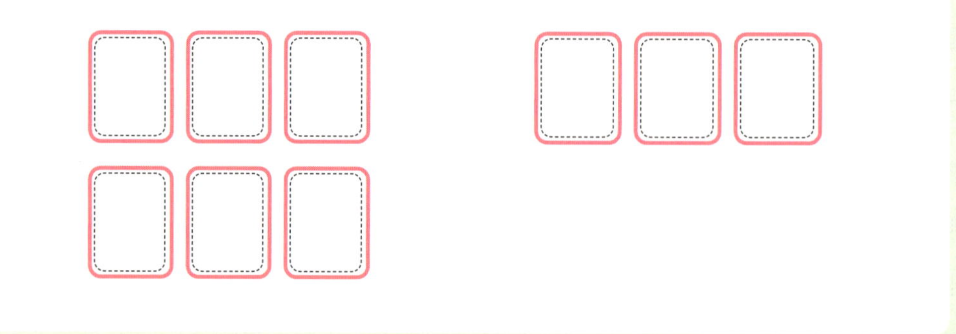

**2** 다음 수 카드를 이용해 7은 둘로, 8은 셋으로 가르는 방법을 찾아보세요. 같은 카드를 여러 번 이용할 수 있어요.

❶ 7을 둘로 가르기

❷ 8을 셋으로 가르기

## ❷ 더하고 빼기
# 더하고 빼요

**1** 합이 7이 되도록 동그라미를 세 개씩 선으로 이어 보세요.

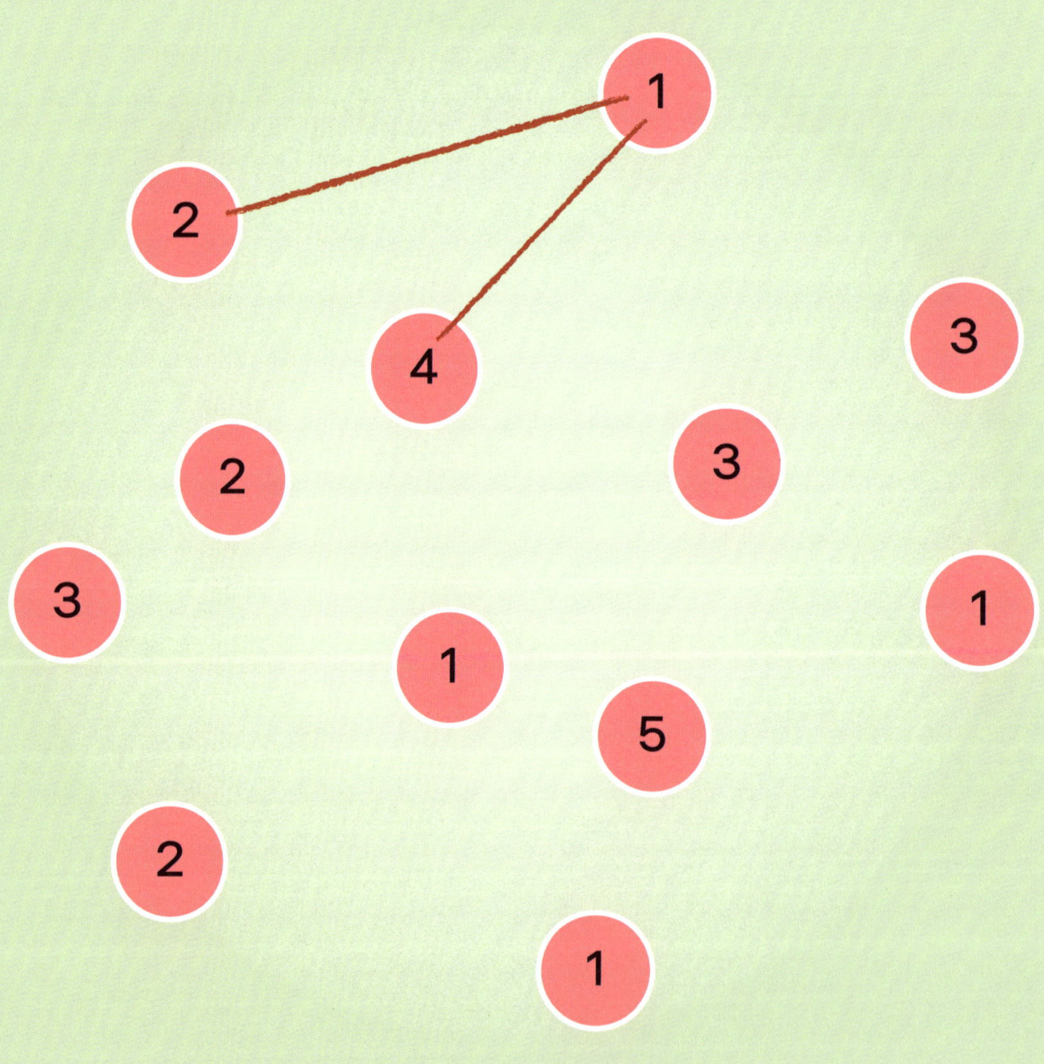

**2** 합이 8이 되도록 동그라미를 세 개씩 선으로 이어 보세요.

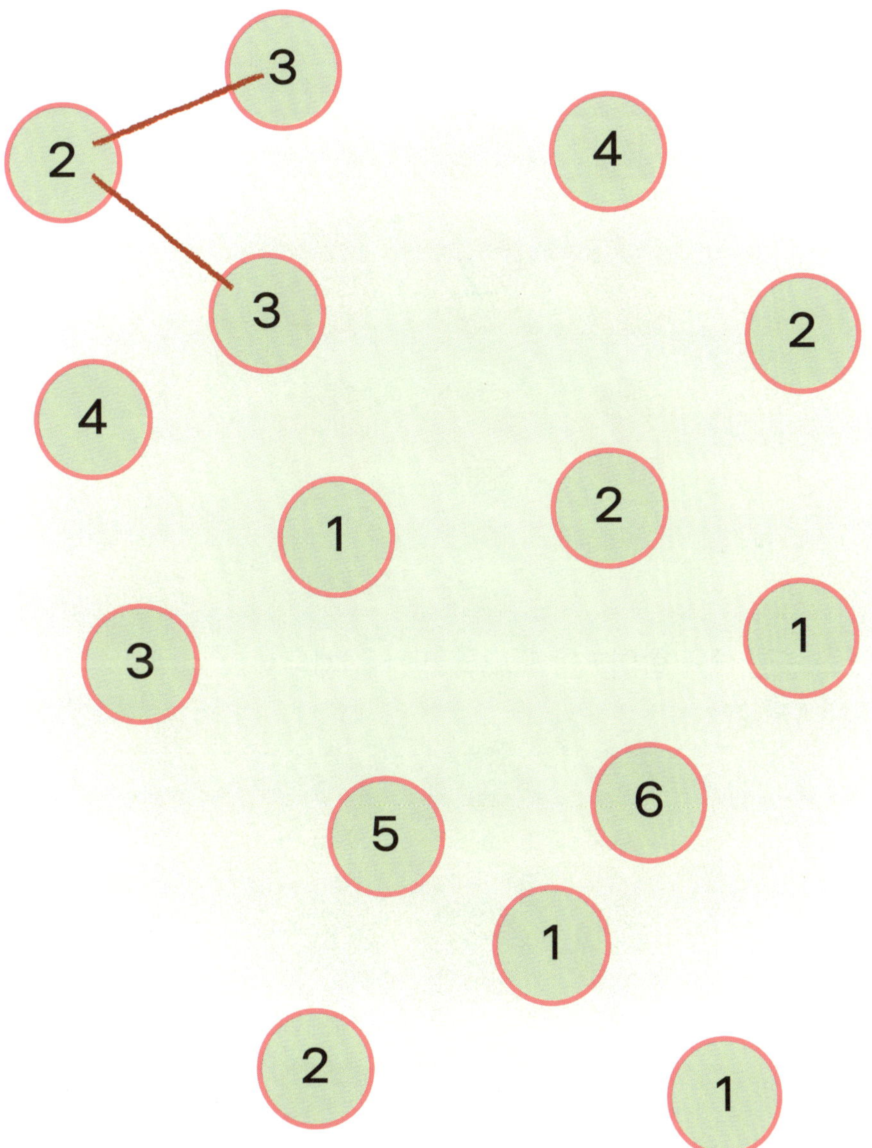

**3** 빈칸에 알맞은 수를 써 보세요. 같은 수를 여러 번 이용할 수 있어요.

❶ 가로세로로 한 줄의 합이 7이 되도록 빈칸을 채우세요.

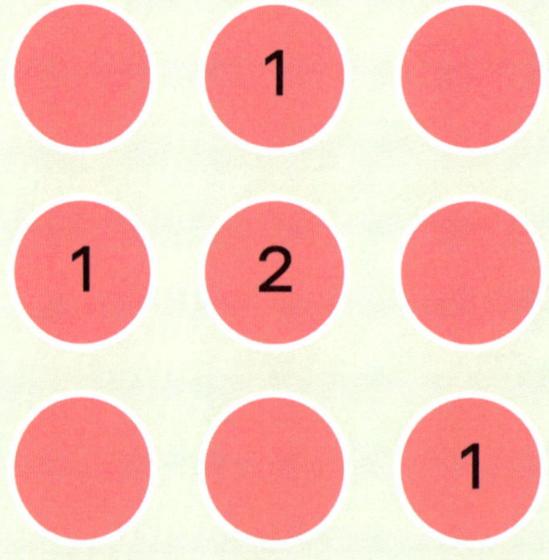

❷ 가로세로로 한 줄의 합이 8이 되도록 빈칸을 채우세요.

**3** 가로세로로 한 줄의 합이 9가 되도록 빈칸을 채우세요.

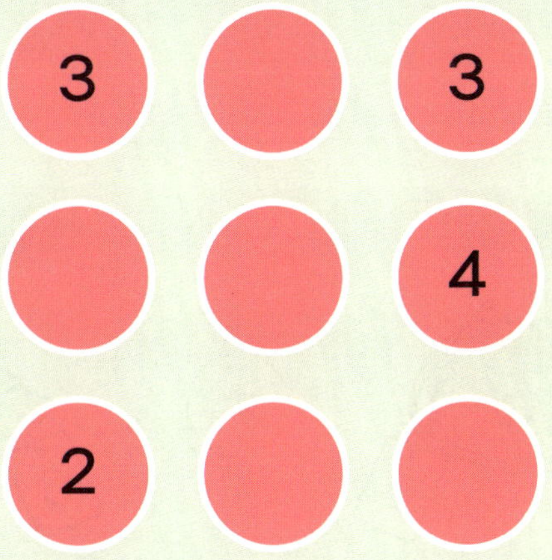


**4** 가로세로로 한 줄의 합이 10이 되도록 빈칸을 채우세요.

# 더하면 어떤 수가 될까?

**1**    연우와 태연이가 알뜰 시장에서 물건을 골랐어요. [보기]와 같이 두 친구가 내야 할 쿠폰 수 합계가 항상 같을 때, 안에 알맞은 쿠폰 수를 써 보세요.

**보기**

❶

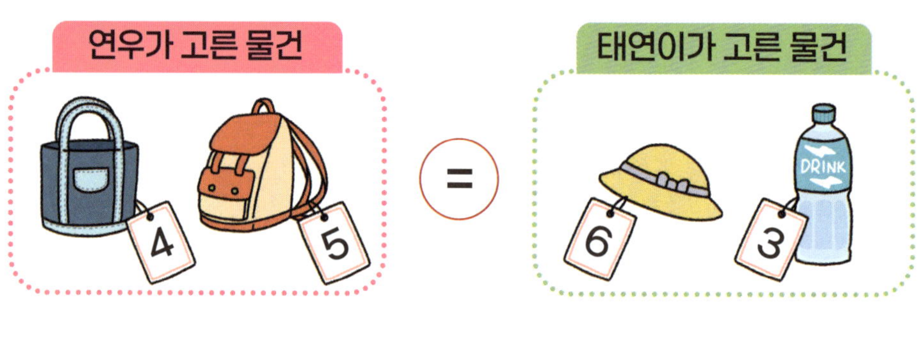

❷

연우가 고른 물건

태연이가 고른 물건

❸

연우가 고른 물건

태연이가 고른 물건

❹

연우가 고른 물건

태연이가 고른 물건

**2** 네모 칸은 색깔에 따라 걸리는 시간이 달라요. 각 동물이 깃발까지 도착하는 데 얼마나 걸릴까요? 동물이 깃발까지 가는 데 걸린 시간을 구하고, 가장 빨리 도착한 동물을 찾아 ○표 해 보세요.

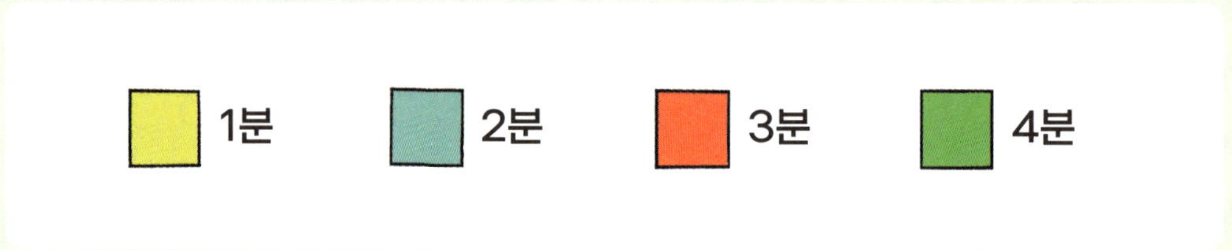



❶

❷

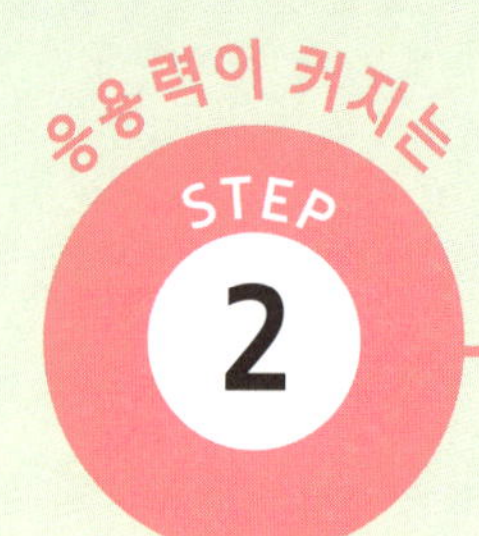

**3** 네모 칸은 색깔에 따라 걸리는 시간이 달라요. 각 동물이 깃발까지 도착하는 데 얼마나 걸릴까요? 동물이 깃발까지 가는 데 걸린 시간을 구하고, 가장 빨리 도착한 동물을 찾아 ○표 해 보세요.

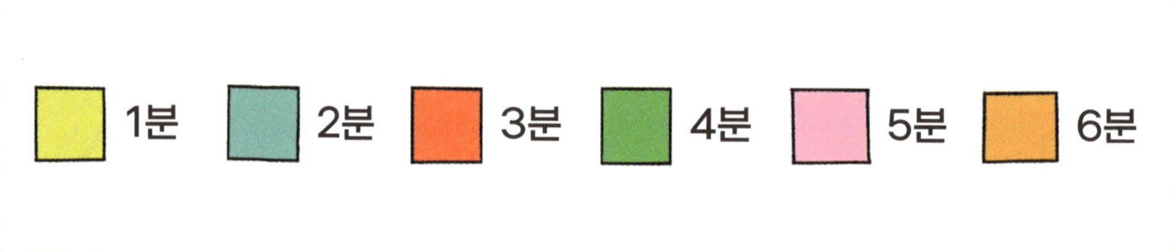


❶

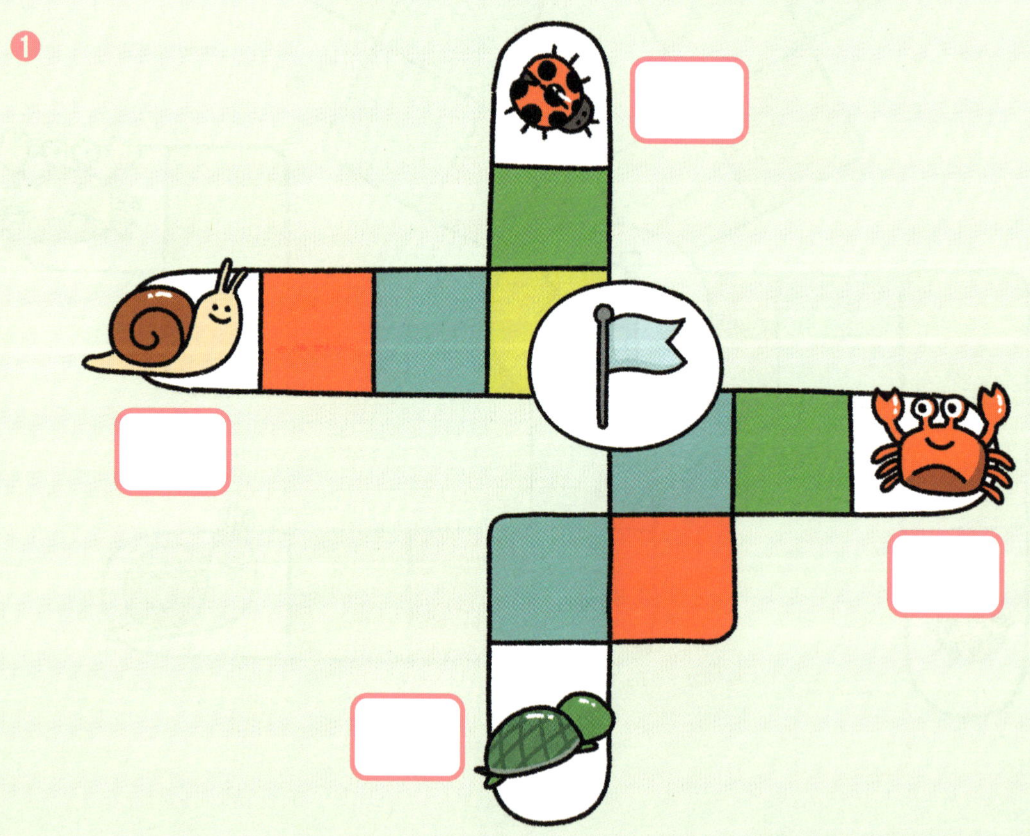

2

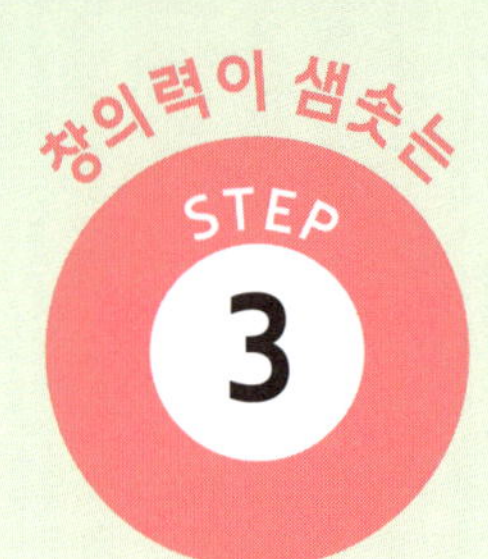

# STEP 3 수를 더해서 빙고를 채워요

**1** 다음 계산식 결과를 아래 빙고판에서 찾아 ○표 해 보세요. 한 줄 빙고가 완성돼야 합니다. (단, 같은 수는 한 번만 표시할 수 있어요.)

$5+3+1=$ ☐      $5+3-1=$ 7

$5-3+1=$ ☐      $5-3-1=$ ☐

**2** 다음 계산식 결과를 아래 빙고판에서 찾아 ○표 해 보세요. 두 줄 빙고가 완성돼야 합니다. (단, 같은 수는 한 번만 표시할 수 있어요.)

$5+4+3+2=$ 14    $5+4-3-2=$ ☐    $5-2+4+3=$ ☐

$5-4+3-2=$ ☐    $5+4-3+2=$ ☐    $5+2-4-3=$ ☐

$5-4+3+2=$ ☐

### 빙고판

| 1 | 2 | 3 | 4 |
|---|---|---|---|
| 2 | 6 | (14) | 0 |
| 9 | 10 | 11 | 12 |
| 8 | 13 | 5 | 7 |

❸ 더해서 10 만들기
# 두 수를 더해 10을 만들어요

**1** [보기]와 같이 두 수의 합이 10이 되도록 신발 끈을 연결해 보세요.

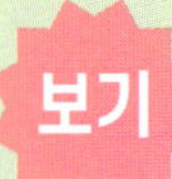

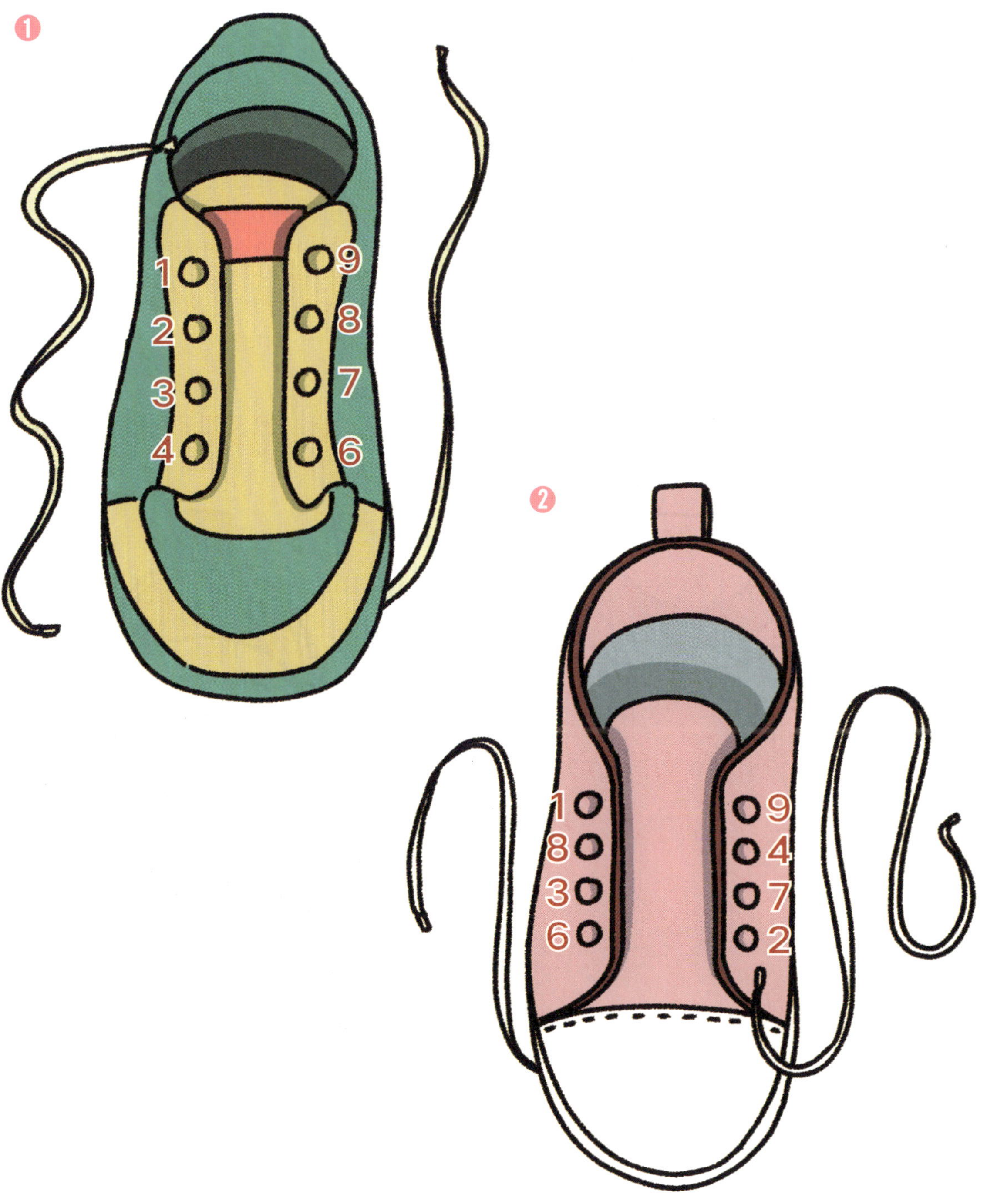
1
1
2
3
4
9
8
7
6
2
1
8
3
6
9
4
7
2

③

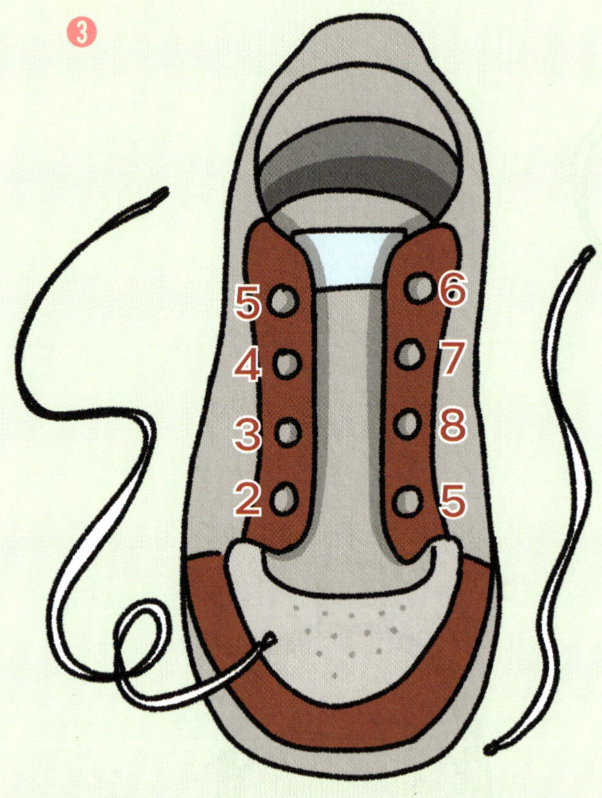


④

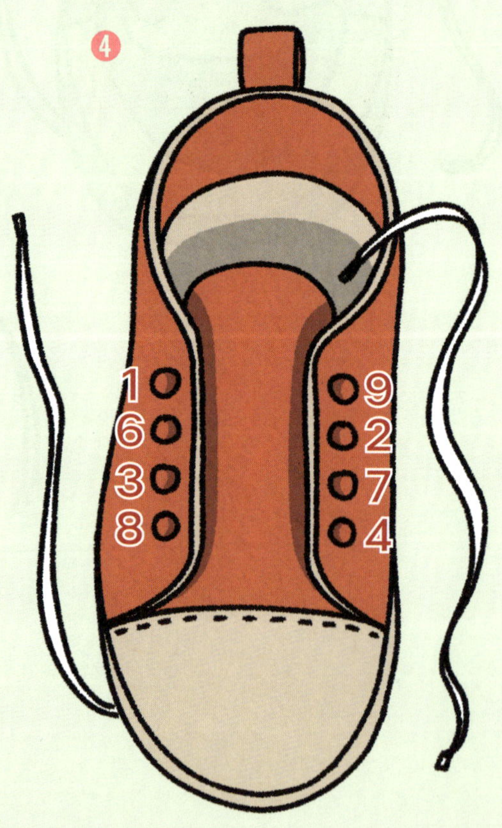

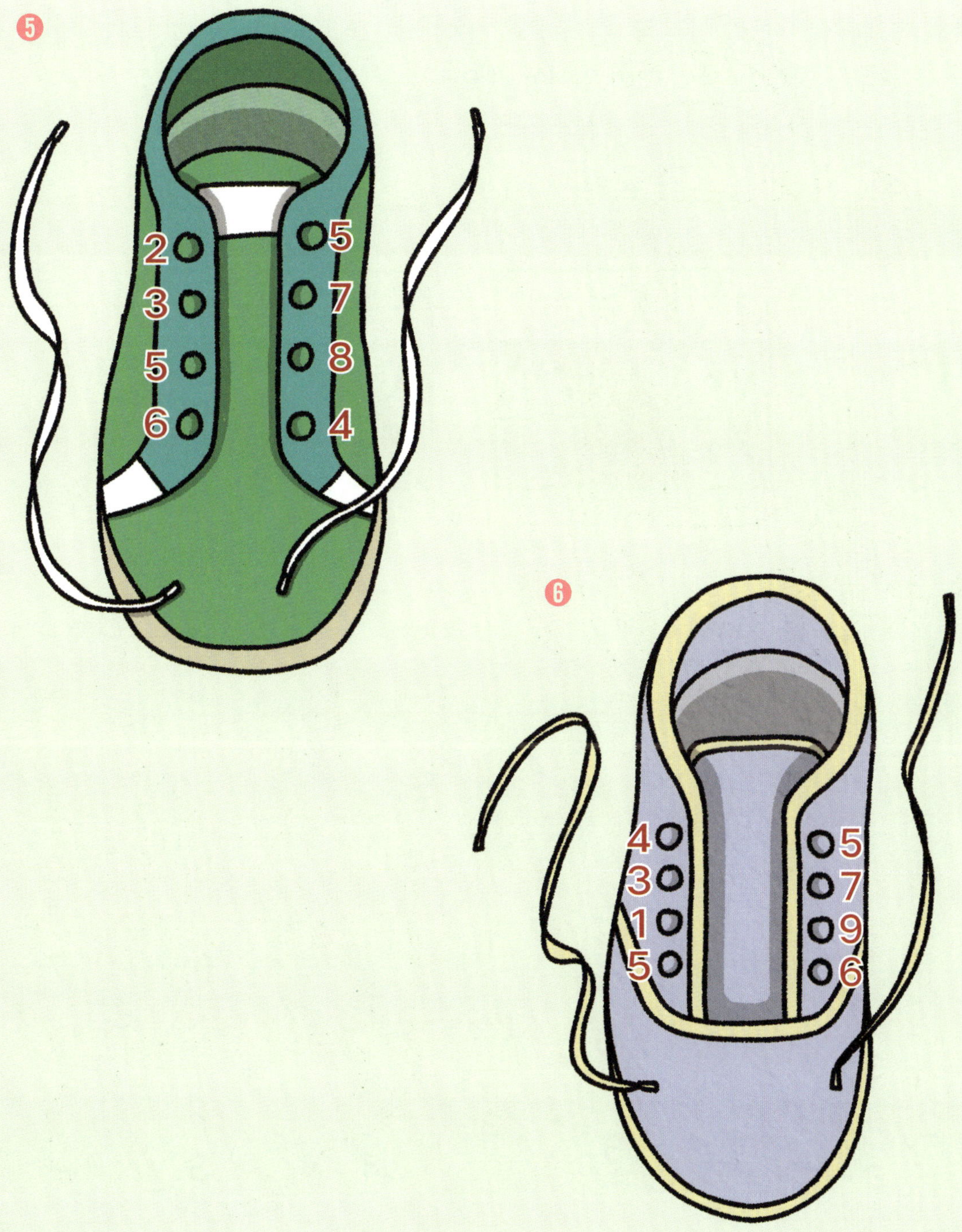
❺
2
3
5
6
5
7
8
4
❻
4
3
1
5
5
7
9
6

**2** 그림 조각에 써 있는 두 수의 합이 10이 되도록 [보기]처럼 색칠해 보세요.
(단, 두 조각은 서로 붙어 있어야 해요.)



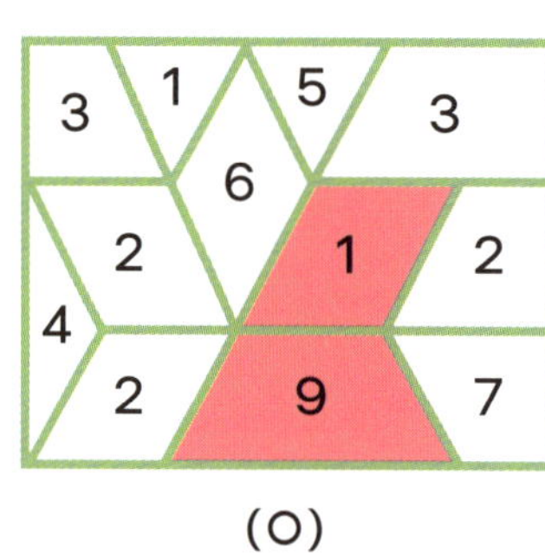

(O)

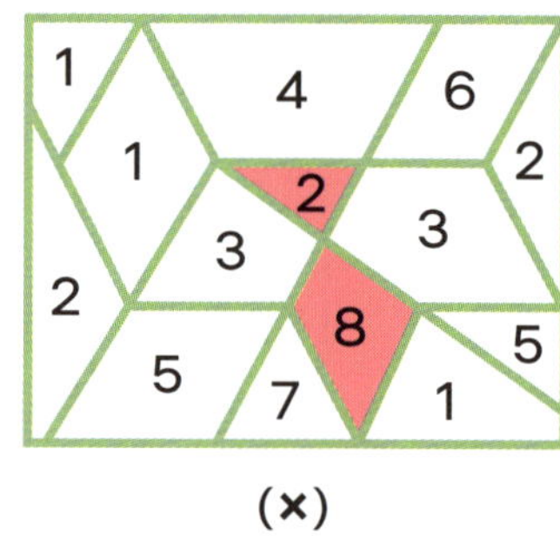

(✗)

❶

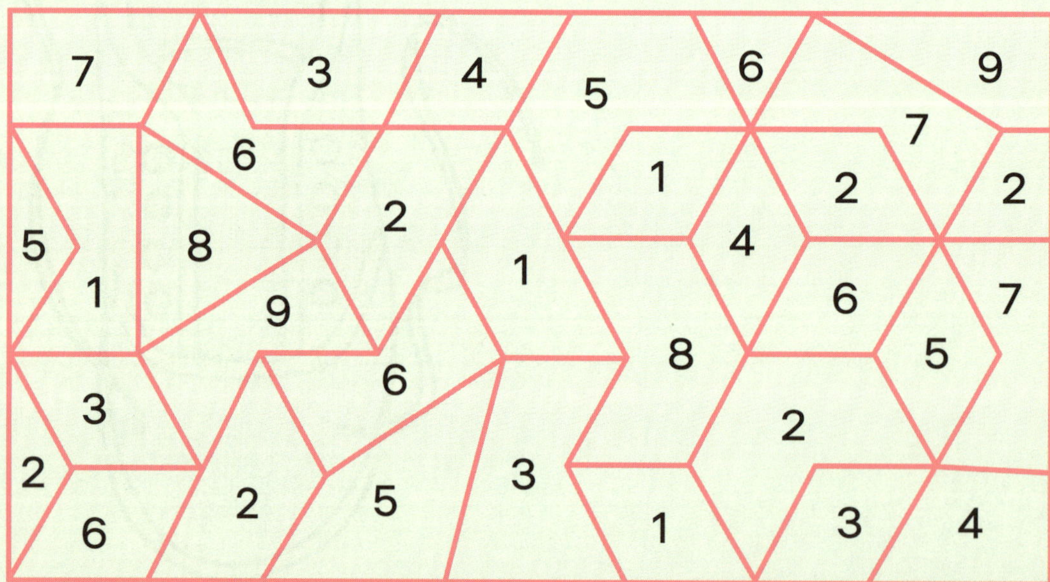

❷

❸

# 10이 되도록 수를 연결해요

**1** 카드를 모아 10이 되도록 만들어 보세요. [보기]처럼 여러 개를 묶어도 좋아요. 남는 카드는 없어야 해요.

보기

**1**

**②**

**③**

**④**

**2** [보기]와 같이 가로와 세로에 놓인 세 수의 합이 10이 되도록 빈칸을 채워
보세요.

**4**

**5**

**3** 다음 빈칸에 아래 도미노 조각을 알맞게 놓아 가로와 세로의 합이 각각 10이 되도록 만들어 보세요. [보기]와 같이 빈칸에 들어갈 눈의 수를 써 보세요. (단, 가운데 줄은 10이 되지 않아도 돼요.)

**보기**

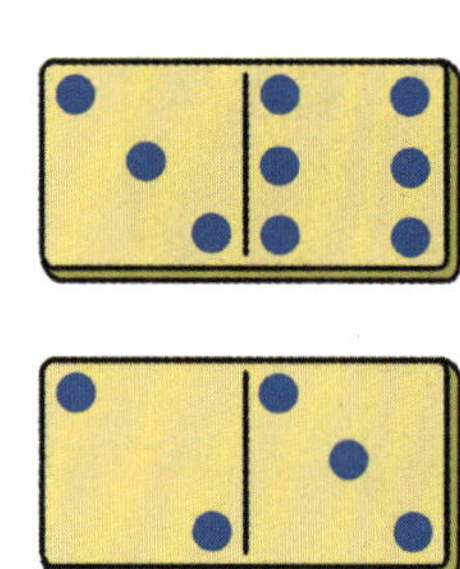

❶

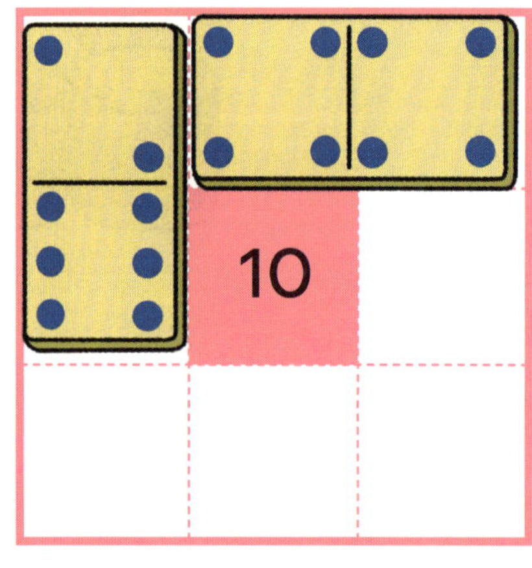
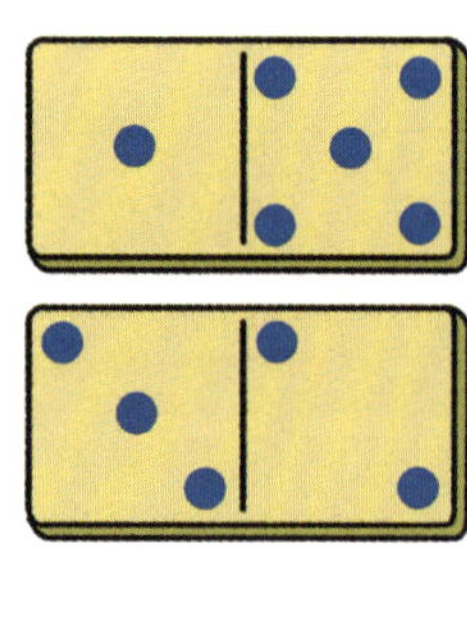

❷

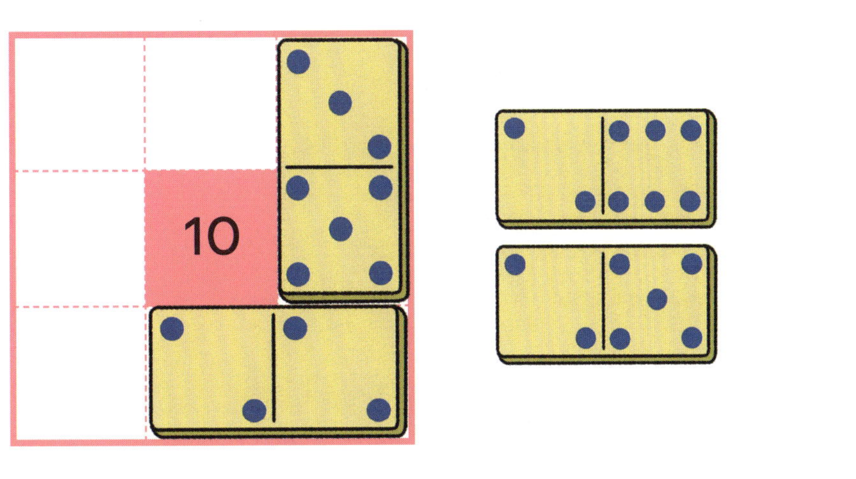

❸

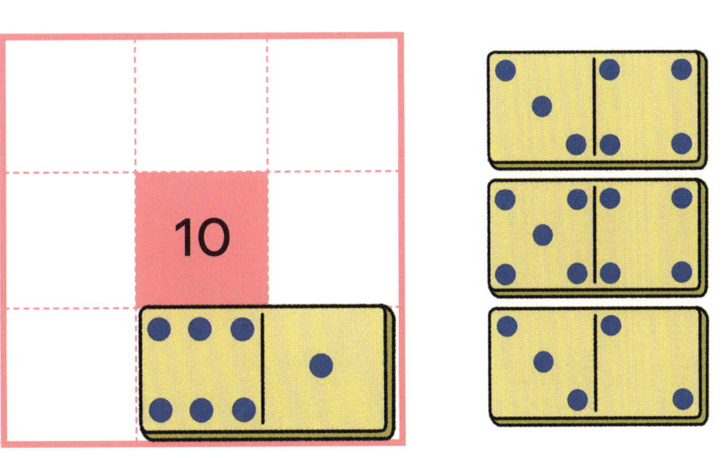

# 여러 수를 더해 10을 만들어요

1  가로, 세로, 대각선에 놓인 네 수의 합이 모두 10이 돼야 해요. 주어진 수 카드를 한 번씩 이용해 완성해 보세요.

**❶**

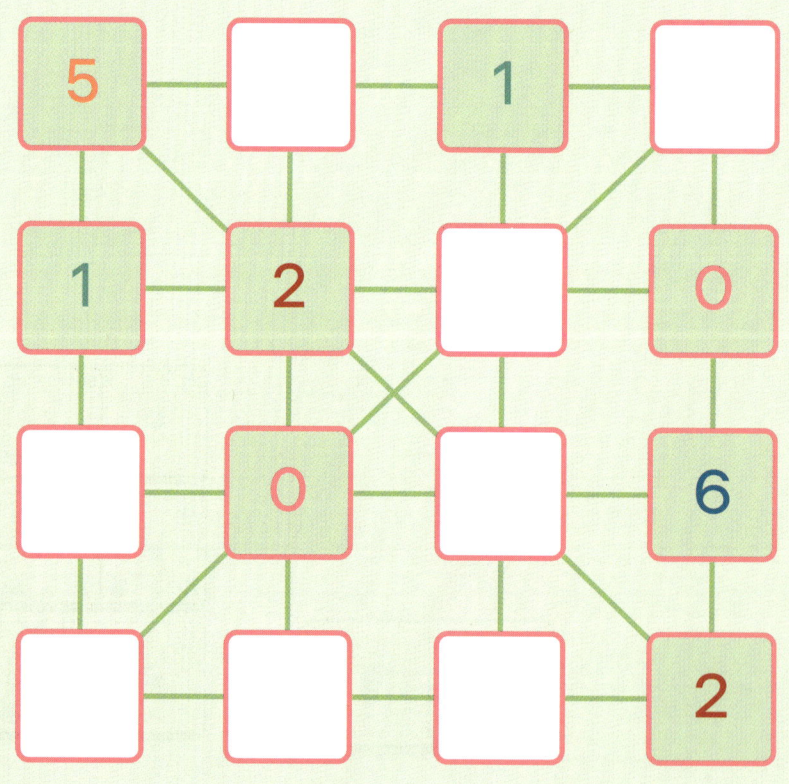

❷

| 2 | 2 | 2 | 3 | 3 | 3 | 5 | 6 | 6 |

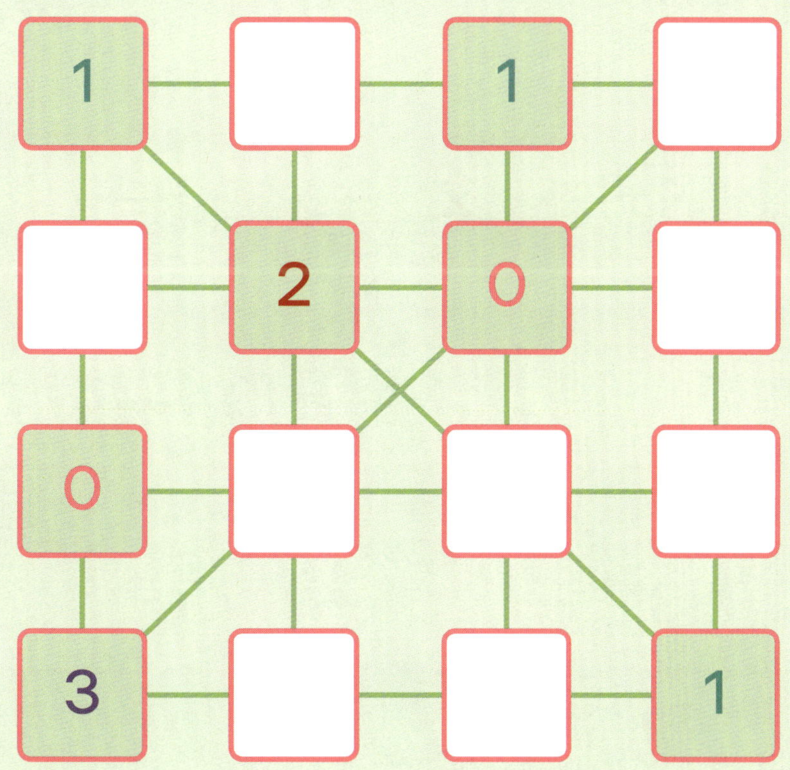

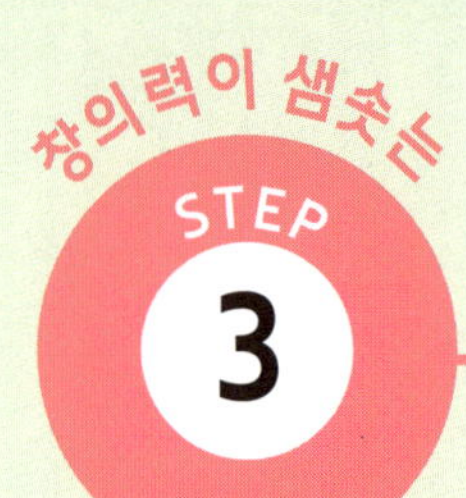

❸

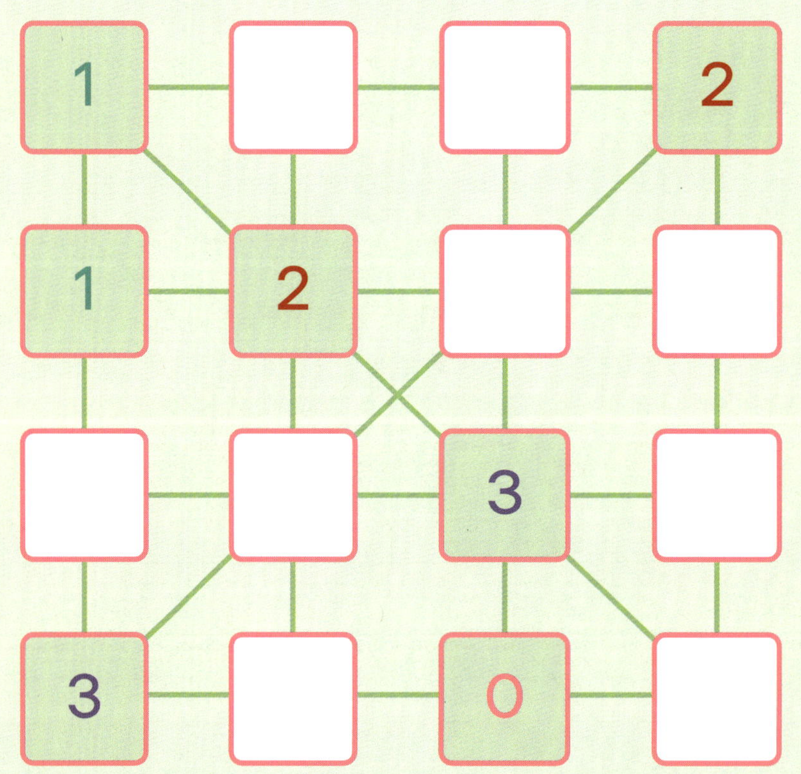

**4**

2 2 2 2 3 3 4 4 5

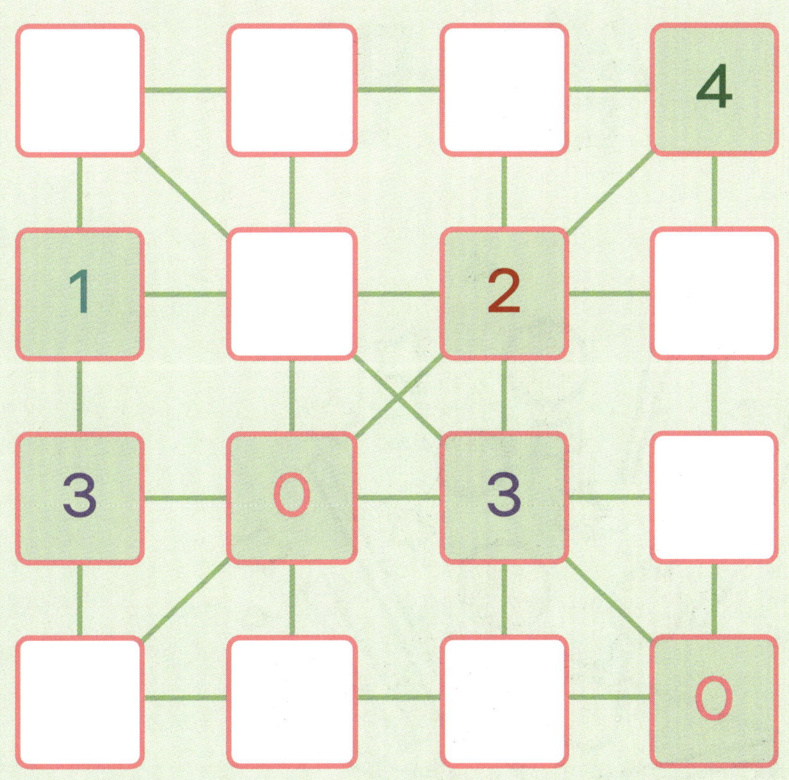

# 뚝딱뚝딱 셈하면

1 두 자리 수 더하고 빼기
2 10으로 더하고 빼기

# ① 두 자리 수 더하고 빼기
# 두 자리 수끼리 더하고 빼요

**1** 각 과일의 무게는 다음과 같아요. 저울 위에 놓인 과일 무게의 합을 구하고, [보기]처럼 저울에 바늘을 그려 보세요.

| | |
|---|---|
| 10 | 20 |
| 30 | 40 |

**①**

**❷**

**❸**

**2** 저울 위에 놓인 과일 무게의 합은 저울 가운데 써 있고, 키위와 수박의 무게
는 다음과 같아요. 무게를 모르는 귤, 사과, 참외의 무게를 각각 구하세요.

| | |
|:---:|:---:|
| 12 | 51 |

❶

# 조건에 맞게 더하고 빼요

**1** 동전을 넣는 자동판매기에서 음료수를 사려고 해요. 음료수 2개를 사려면
동전이 몇 개 필요한지 구하세요.

**❶** 주스와 콜라

개

98

**❷ 딸기 우유와 초코 우유**

개

**❸ 이온 음료와 포도 주스**

개

**2** 서원이와 이수가 고른 음료수는 동전이 몇 개 차이 나는지 구하세요.

**①**

개

**②**

개

**3**

바나나
우유
포도
주스
이온
포도
커피
30
45
37
24
40

개

**4**

핫초코
식혜
핫초코
두유
식혜
수정과
꿀물
29
25
15
13
10

개

**3** 다음 메뉴판에서 2개의 메뉴를 고를 수 있습니다. 단, 쿠폰은 남김없이 모두 이용해야 하고, 같은 메뉴는 1개만 고를 수 있어요.

| 김밥 | 샌드위치 | 소시지 | 쿠키 | 사탕 |
|---|---|---|---|---|
| ① 21 | ② 15 | ③ 5 | ④ 10 | ⑤ 8 |
| 사과 | 주스 | 껌 | 바나나 우유 | 닭다리 |
| ⑥ 12 | ⑦ 14 | ⑧ 11 | ⑨ 13 | ⑩ 23 |

❶ 서원이는 쿠폰이 25장 있어요. 서원이가 고를 수 있는 간식 2개를 번호로 쓰고, 모두 더해서 25가 되는지 확인해 보세요. 여러 가지 경우를 모두 찾아 보세요.

**2** 이수는 쿠폰이 26장 있어요. 이수가 고를 수 있는 간식 2개를 번호로 쓰고, 모두 더해서 26이 되는지 확인해 보세요. 여러 가지 경우를 모두 찾아 보세요.

**3** 은우는 쿠폰이 28장 있어요. 은우가 고를 수 있는 간식 2개를 번호로 쓰고, 모두 더해서 28이 되는지 확인해 보세요. 여러 가지 경우를 모두 찾아 보세요.

# 수를 더한 다음 비교해요

**1** 다음은 5명의 친구가 각각 4회씩 과녁 맞히기를 한 결과입니다.

❶ 각자 점수 합계가 몇 점인지 구하고, 가장 높은 점수를 얻은 사람은 누구인지 써 보세요.

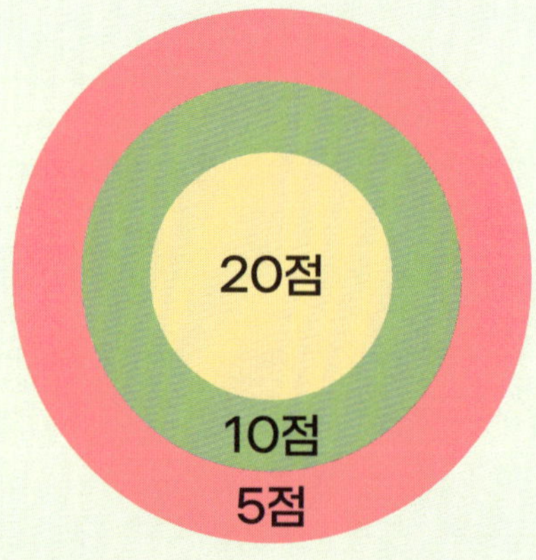


| 이름 \ 횟수 | 1회 | 2회 | 3회 | 4회 | 점수 합계 |
|---|---|---|---|---|---|
| 은우 | 10 | 5 | 10 | 10 | |
| 시윤 | 0 | 10 | 5 | 10 | |
| 도연 | 10 | 20 | 0 | 10 | |
| 서진 | 5 | 10 | 10 | 20 | |
| 지호 | 20 | 10 | 0 | 10 | |

가장 높은 점수를 얻은 사람

❷ 각자 점수 합계가 몇 점인지 구하고, 가장 낮은 점수를 얻은 사람은 누구인지 써 보세요.

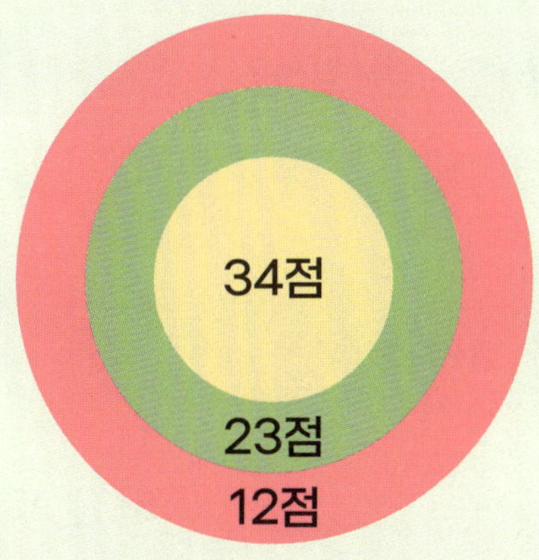


| 이름＼횟수 | 1회 | 2회 | 3회 | 4회 | 점수 합계 |
|---|---|---|---|---|---|
| 은우 | 23 | 12 | 0 | 23 | |
| 시윤 | 12 | 23 | 12 | 12 | |
| 도연 | 23 | 12 | 12 | 0 | |
| 서진 | 0 | 34 | 12 | 23 | |
| 지호 | 12 | 12 | 12 | 12 | |

가장 낮은 점수를 얻은 사람

❷ 10으로 더하고 빼기

# 10으로 묶어 더하고 빼요

**1** 아래 대화를 읽고, 다음 식의 합을 구하세요. 합을 구할 때는 세아처럼 합이 10이 되는 두 수를 찾아 ○로 묶은 다음 나머지를 계산해 보세요.



① (7+3)+5 = ☐

② 6+(3+4) = ☐  (※ 식 ② 묶음 위치는 6과 4)

③ 6+9+1 = ☐

④ 8+6+4 = ☐

⑤ 5+7+5 = ☐

⑥ 2+8+9 = ☐

**2** 9+5를 아래 [보기]처럼 두 가지 방법으로 계산해 보세요.

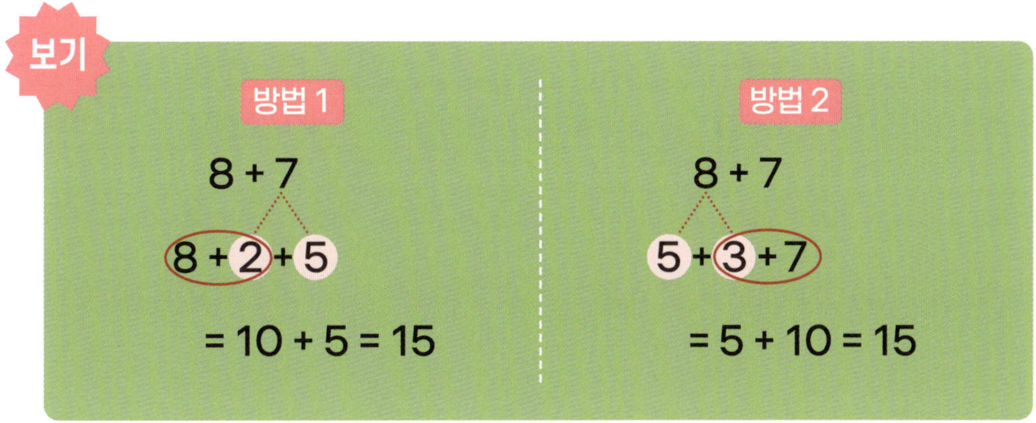



9 + 5

9 + 5

**3** 13-8을 아래 [보기]처럼 두 가지 방법으로 계산해 보세요.

보기

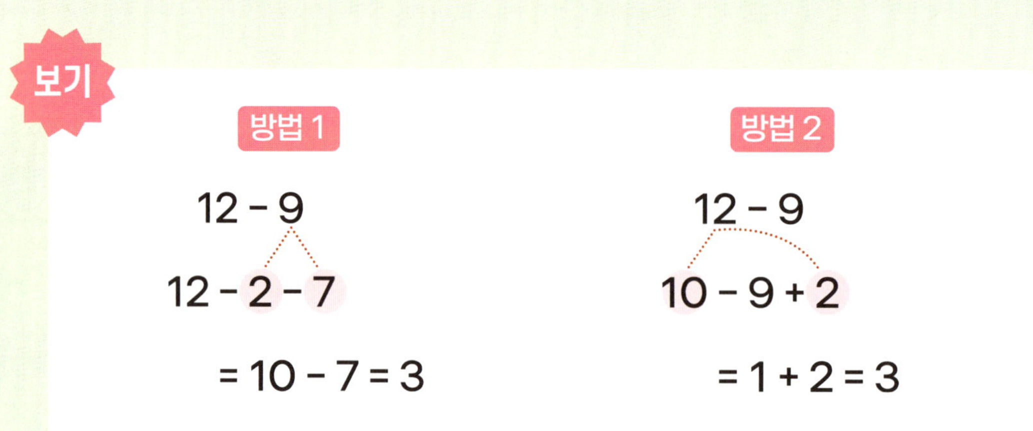


13 - 8

13 - 8

**4** 아래 시험지를 채점하고 틀린 부분을 바르게 고치세요.

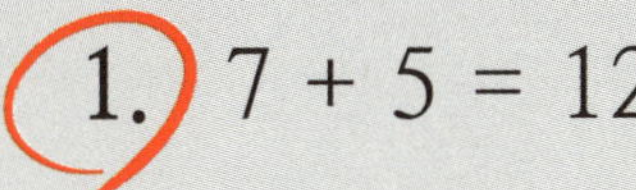

| 수     학 | 즐깨감 초등학교 |
| --- | --- |
| 형성평가 | 1 학년 3 반 12 번 |
| | 이름 : 나샛별 |

다음을 계산하세요.

1. $7 + 5 = 12$

2. $9 + 8 = 16$

3. $6 + 7 = 13$

4. $16 - 8 = 9$

5. $12 - 5 = 7$

6. $6 + 9 = 15$

7. $8 + 7 = 15$

8. $14 - 9 = 5$

9. $11 - 7 = 4$

10. $17 - 9 = 12$

# 더하고 뺀 다음 비교해요

**1** 계산 결과가 같은 것끼리 선으로 이어 보세요.

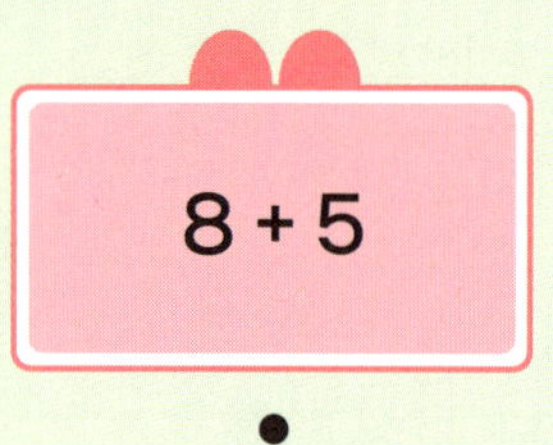

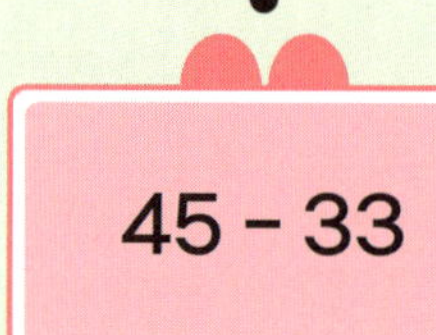


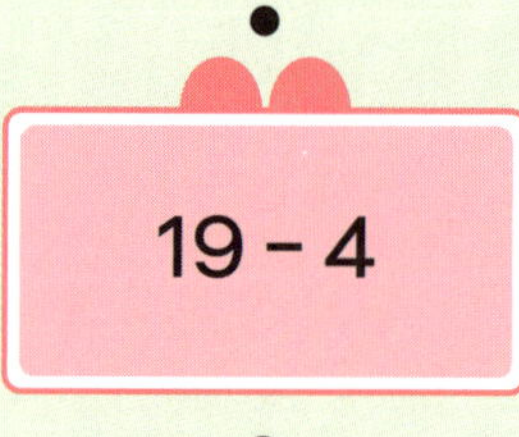

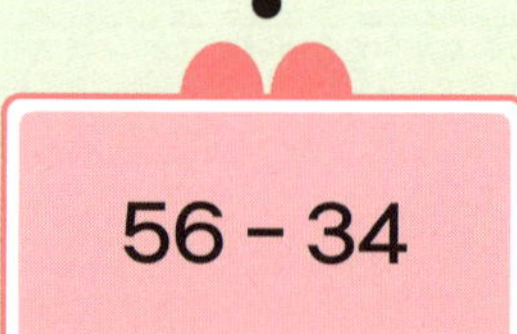

**2** 계산 결과가 작은 순서대로 카드 번호를 써 보세요.

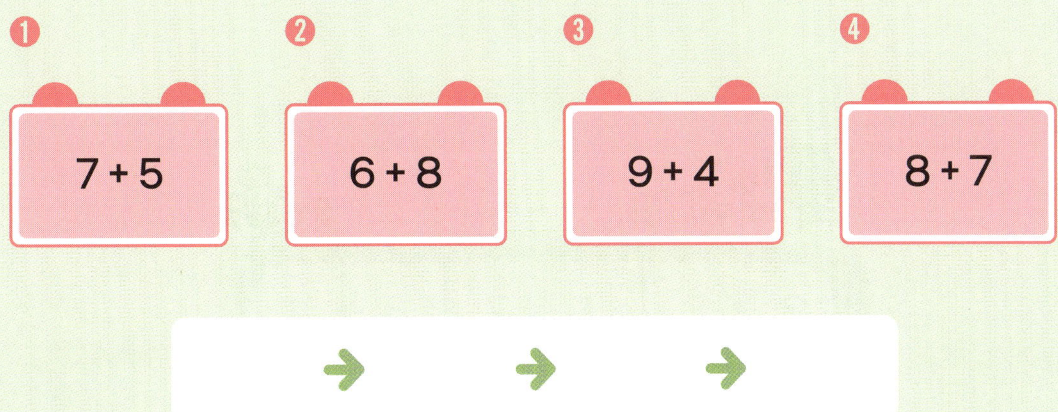


**3** 계산 결과가 큰 순서대로 카드 번호를 써 보세요.

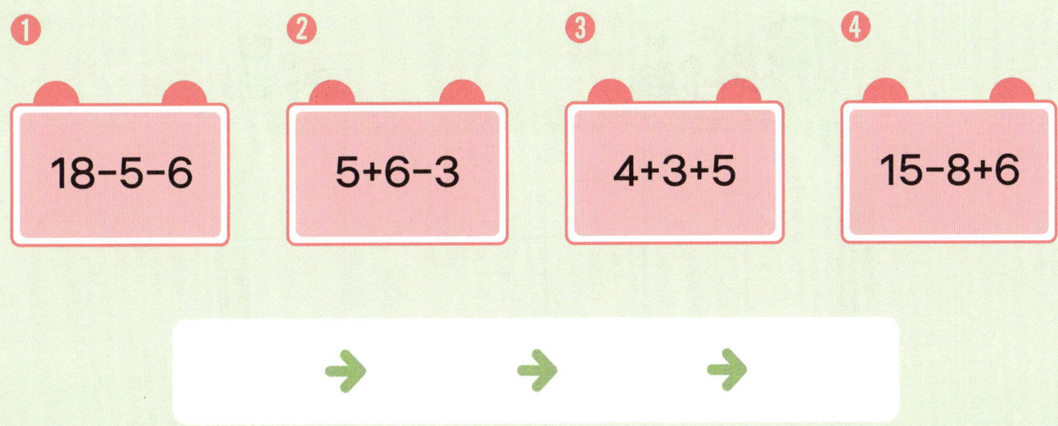

**4** 다음 꽃밭을 ☐ 모양과 ┌ 모양으로 남김없이 나누려고 해요. 이때 각 모양 안에 들어가는 수가 정해진 합과 같도록 모양을 나눠 보세요.

**❶** 합 16

| 3 | 8 | 3 | 7 | 8 | 1 |
|---|---|---|---|---|---|
| 5 | 6 | 9 | 1 | 10 | 9 |
| 7 | 3 | 4 | 5 | 2 | 5 |

**❷** 합 17

| 4 | 7 | 6 | 9 | 8 | 7 |
|---|---|---|---|---|---|
| 6 | 8 | 8 | 3 | 2 | 7 |
| 5 | 6 | 1 | 5 | 4 | 6 |

❸ 합 24

| 7 | 10 | 4 | 12 |
| 10 | 8 | 6 | 8 |
| 7 | 4 | 11 | 9 |

❹ 합 25

| 13 | 5 | 7 | 10 |
| 5 | 9 | 4 | 9 |
| 14 | 6 | 12 | 6 |

응용력이 커지는 STEP 2

**5** 화살을 동그란 과녁에 맞히면 그 수만큼 점수를 얻고, 네모난 과녁에 맞히면 그 수만큼 점수를 잃어요.

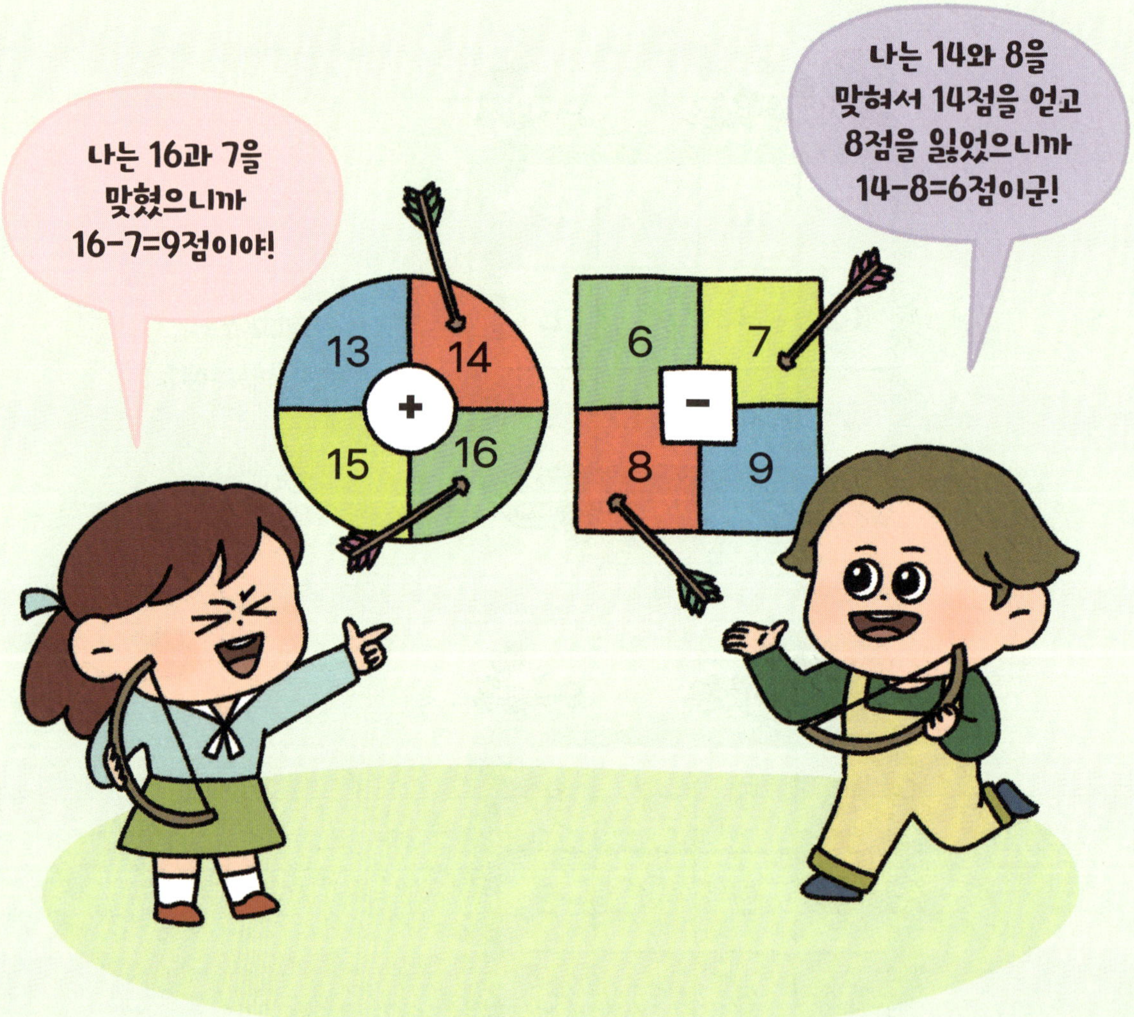

❶ 도연이가 쏜 화살은 15와 6에, 은우가 쏜 화살은 13과 9에 맞았어요. 도연이와 은우는 각각 몇 점을 얻었나요? 점수는 누가 더 많이 얻었나요?

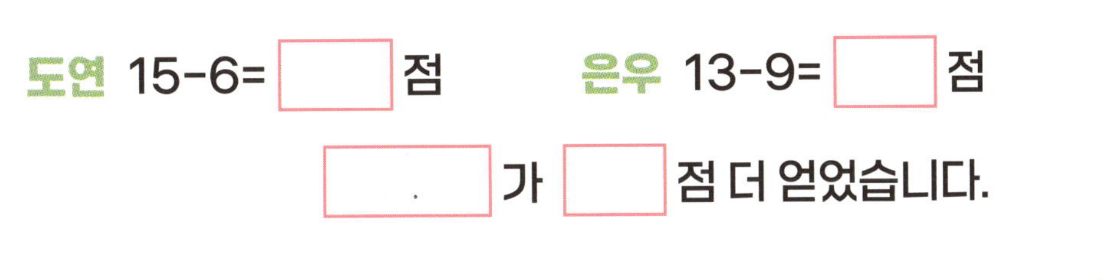


❷ 도연이가 화살을 세 번 쏴서 20점을 얻었어요. 도연이가 쏜 화살 두 개는 15와 8에 맞았어요. 다른 하나는 몇 점에 맞았을까요?

❸ 은우가 화살을 세 번 쏴서 19점을 얻었어요. 은우가 쏜 화살 두 개는 13과 8에 맞았어요. 다른 하나는 몇 점에 맞았을까요?

# 다른 숫자로 같은 값을 만들어요

**1** 수 카드 3개를 골라 하나의 식을 완성하려고 해요. 하나의 식에서 같은 수 카드는 한 번씩만 이용해서 식을 완성해 보세요.

**❶** 수 카드 3개의 합이 15가 되는 식 3개를 써 보세요.

| 4 | 3 | 6 |
|---|---|---|
| 8 | 10 | 2 |
| 5 | 12 | 1 |

$$\boxed{\phantom{0}} + \boxed{\phantom{0}} + \boxed{\phantom{0}} = 15$$

**예** 10+4+1=15

❷ 수 카드 3개의 차가 4가 되는 식 3개를 써 보세요.

| 7 | 3 | 6 |
| 8 | 10 | 9 |
| 2 | 20 | 14 |

☐ − ☐ − ☐ =4

예 14-7-3=4

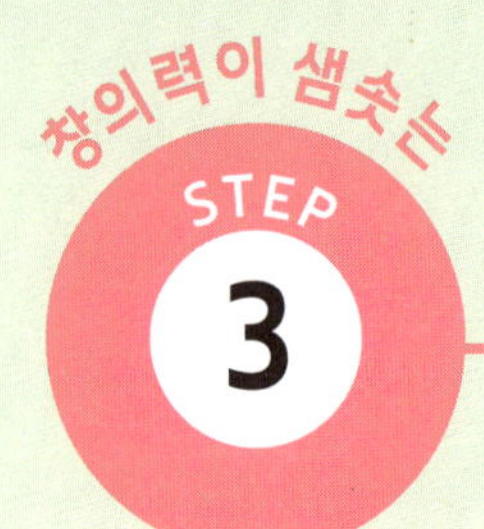

**2** 수 카드 중 4개를 골라 뺄셈식 3개를 완성하려고 해요. 하나의 식에서 같은 수 카드는 한 번씩만 이용해서 식을 완성해 보세요.

**①**

| 12 | 3 | 7 |
| 9 | 5 | 15 |
| 13 | 16 | 2 |

$16 - \boxed{\phantom{00}} - \boxed{\phantom{00}} = \boxed{\phantom{00}}$

$15 - \boxed{\phantom{00}} - \boxed{\phantom{00}} = \boxed{\phantom{00}}$

$12 - \boxed{\phantom{00}} - \boxed{\phantom{00}} = \boxed{\phantom{00}}$

❷

|  |  |  |
|:-:|:-:|:-:|
| 5 | 14 | 7 |
| 4 | 12 | 15 |
| 17 | 8 | 2 |

17 − ☐ − ☐ = ☐

15 − ☐ − ☐ = ☐

14 − ☐ − ☐ = ☐

# 재미있게 셈하면

1 재미있는 연산 퀴즈
2 재미있는 연산 퍼즐

**1** 재미있는 연산 퀴즈

# 규칙에 따라 수를 더하고 빼요

1 수 피라미드에서 규칙을 찾아 빈칸에 알맞은 수를 써 보세요.



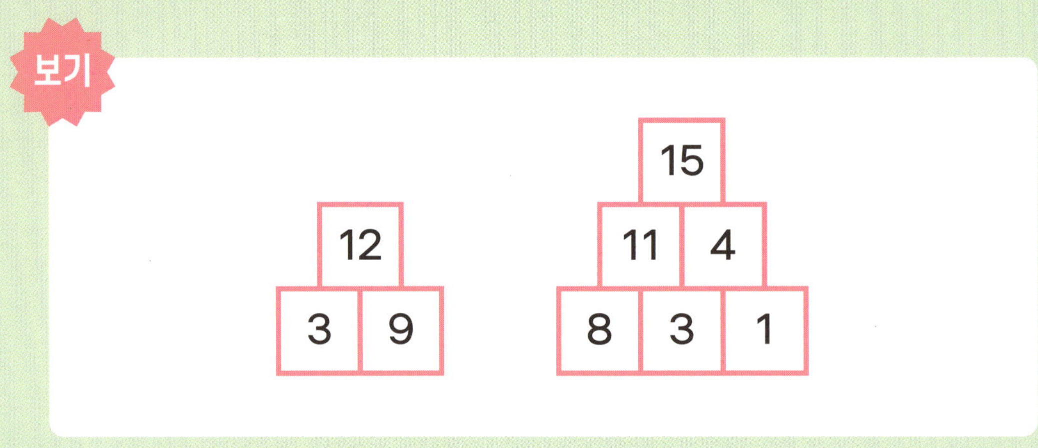


❶

❷

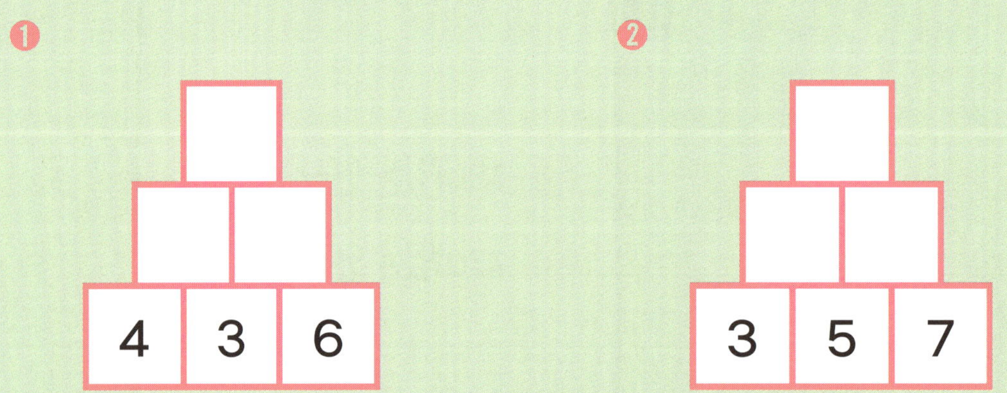

**❸** 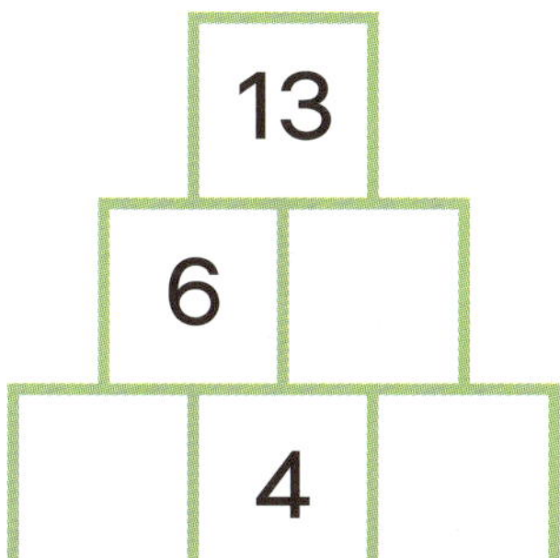

**❹** 

**❺** 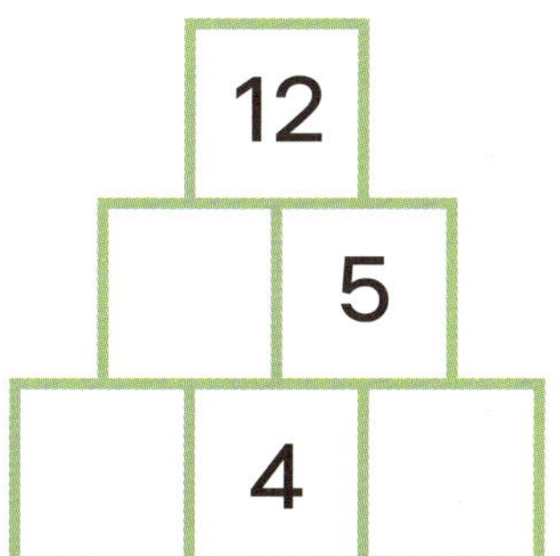

**❻** 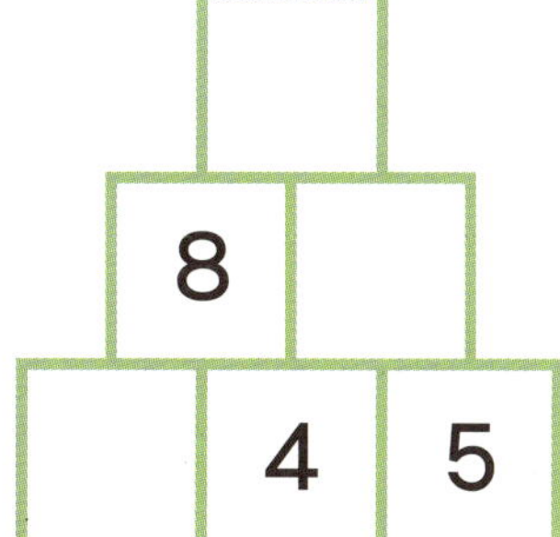

2  계산 결과가 15인 칸을 따라 여행을 떠나요. 여행하는 길을 찾아 선을 그어 보세요.

**3** 계산 결과가 64인 칸을 따라가야 귀신의 집을 빠져나올 수 있어요. 빠져 나오는 길을 찾아 선을 그어 보세요.

# STEP 2 규칙에 맞게 수를 채워요

**1** 세 수의 합이 20이 되도록 ●안에 알맞은 수를 써 보세요.

**①**

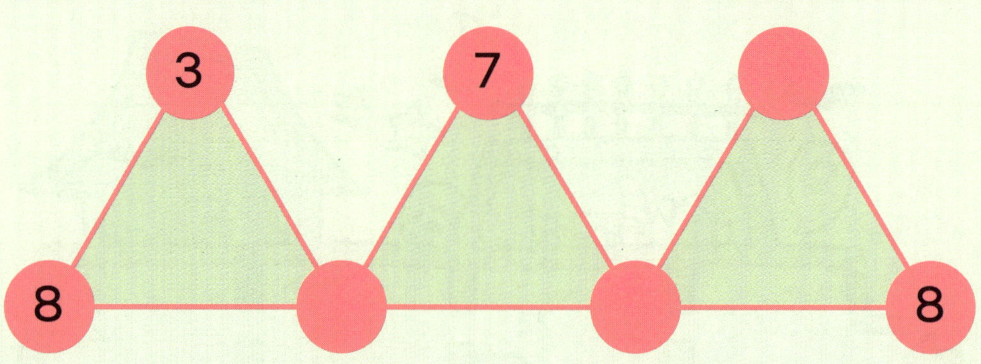

**②**

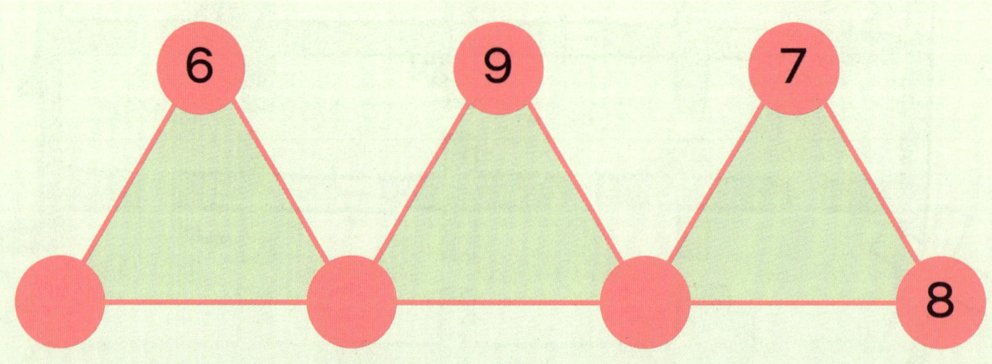

**2** 가로, 세로, 대각선 위의 세 수의 합이 모두 같도록 빈칸에 알맞은 수를 써 보세요.

**❶**

**❷**

**3** 수 과녁판에서 규칙을 찾아 빈칸에 알맞은 수를 써 보세요.

❶
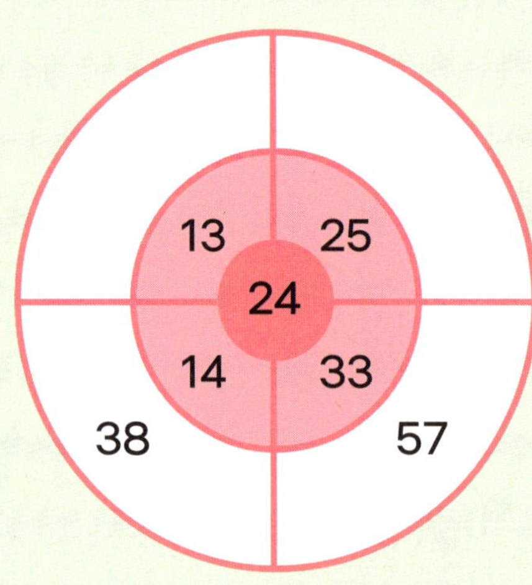


❷
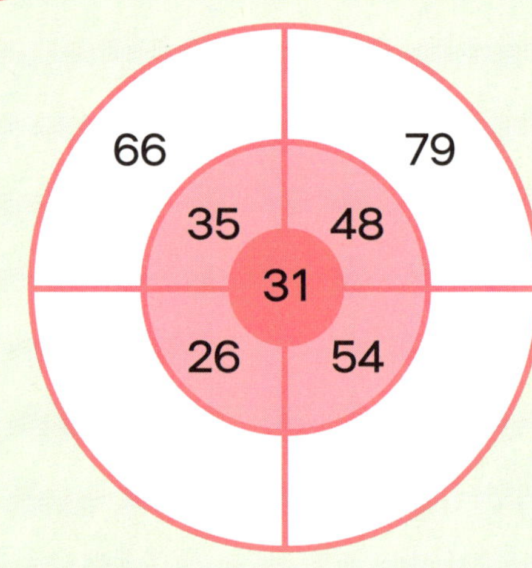


❸
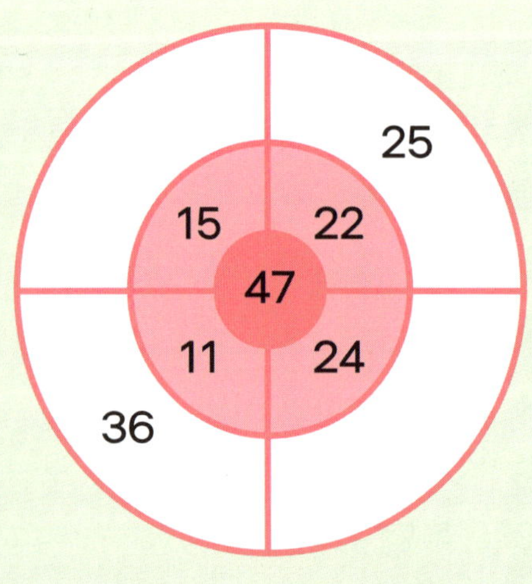


❹
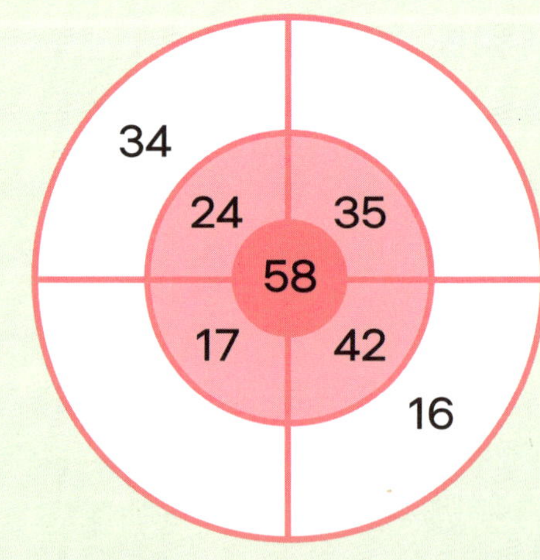

**4** 수 바람개비에서 규칙을 찾아 빈칸에 알맞은 수를 써 보세요.

❶

❷

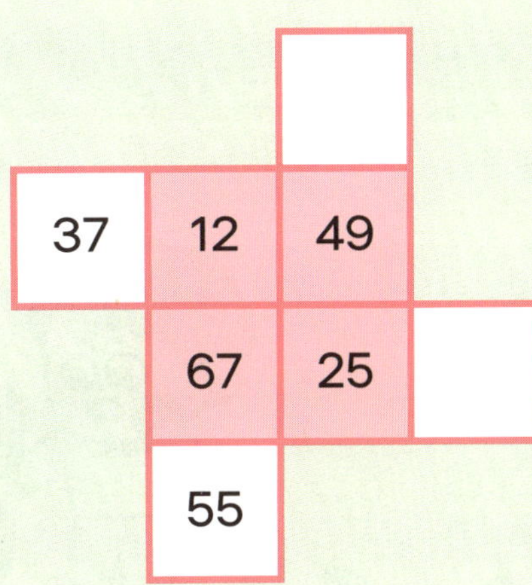

❸

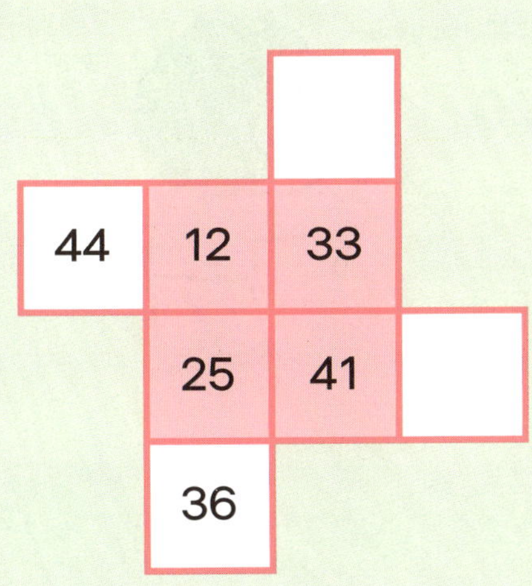

❹

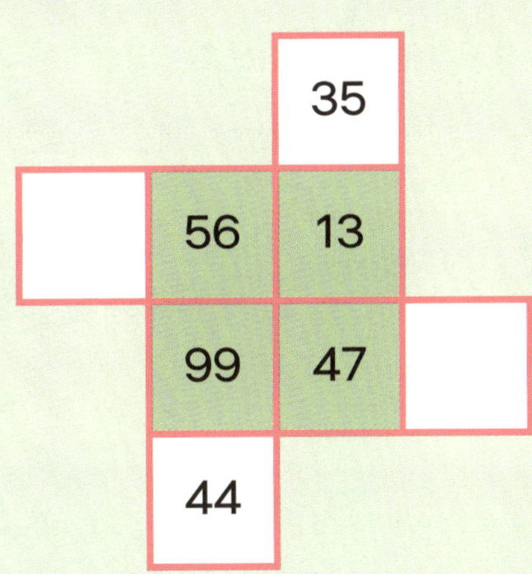

창의력이 샘솟는

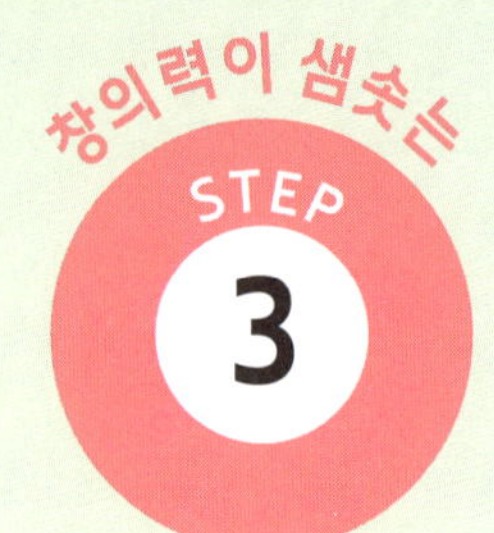

STEP 3

# 같은 값으로 모양을 나눠요

1 다섯 명이 모여 남는 부분 없이 땅을 나누려고 합니다. 선을 그어 나타내 보세요.

❶ 모두 56씩 나눠 가져요. 연결된 땅만 가질 수 있어요.

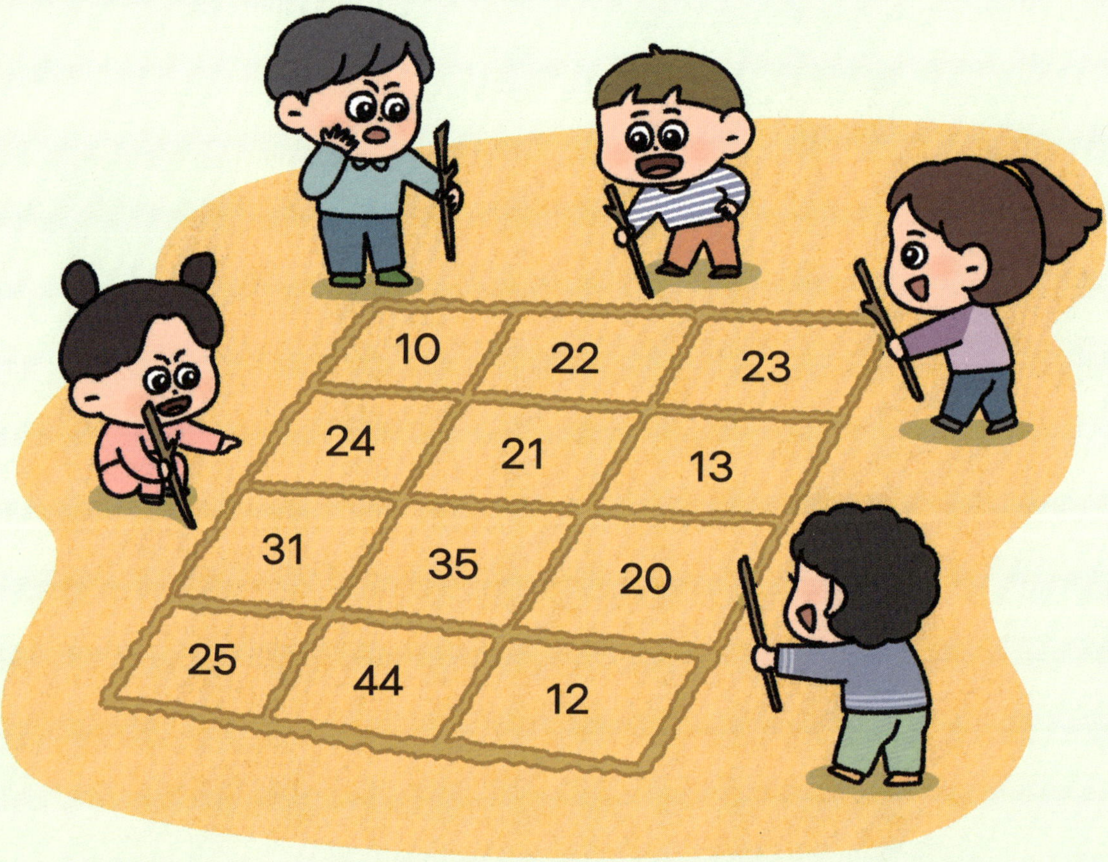

❷ 모두 58씩 나눠 가져요. 연결된 땅만 가질 수 있어요.

**❷ 재미있는 연산 퍼즐**

# 더하고 빼서 빈칸을 채워요

**1** 빈칸을 채워 가로 줄과 세로 줄의 식을 완성해 보세요.

**❶**

| 21 | + | 12 | = | |
|---|---|---|---|---|
| + | | + | | + |
| 32 | + | 13 | = | |
| = | | = | | = |
| | + | | = | |

**❷**

| 57 | − | 46 | = | |
|---|---|---|---|---|
| − | | − | | − |
| 45 | − | 43 | = | |
| = | | = | | = |
| | − | | = | |

❸

| 18 | + |  | = | 29 |
|---|---|---|---|---|
| − |  | − |  | − |
| 9 | + | 3 | = |  |
| = |  | = |  | = |
|  | + |  | = |  |

❹

| 36 | + | 12 | = |  |
|---|---|---|---|---|
| − |  | − |  | − |
| 15 | + |  | = |  |
| = |  | = |  | = |
|  | + | 7 | = |  |

**2** 빈칸을 채워 가로 줄과 세로 줄의 식을 완성해 보세요.

❶

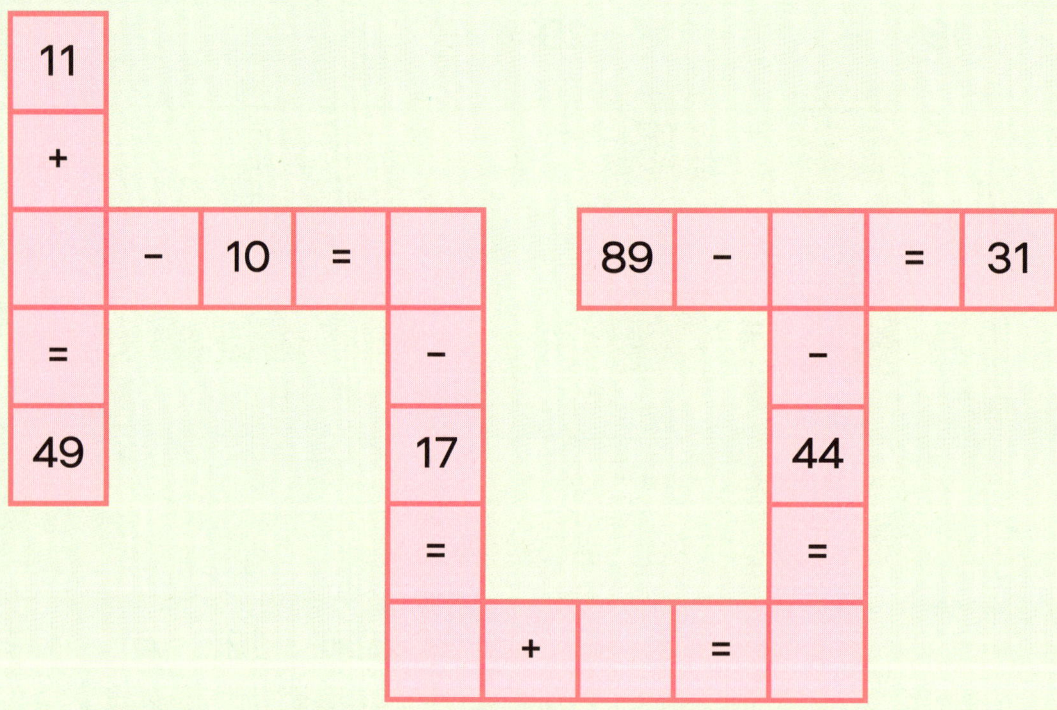

❷

| 7 | + |  | = | 19 |
|---|---|---|---|----|
| + |  |  |  | − |
|  |  |  |  |  |
| = |  |  |  | = |
| 15 | − |  | = | 6 |
|  |  | + |  |  |
|  |  |  |  |  |
|  |  | = |  |  |
| 52 | + |  | = | 68 |

# 더하고 빼서 값을 구해요

**1** 종류가 다른 초콜릿이 나타내는 수는 각각 달라요. 다음 식을 보고, 각 초콜릿이 나타내는 수를 구하세요.

**❶**

**❷**

**3**

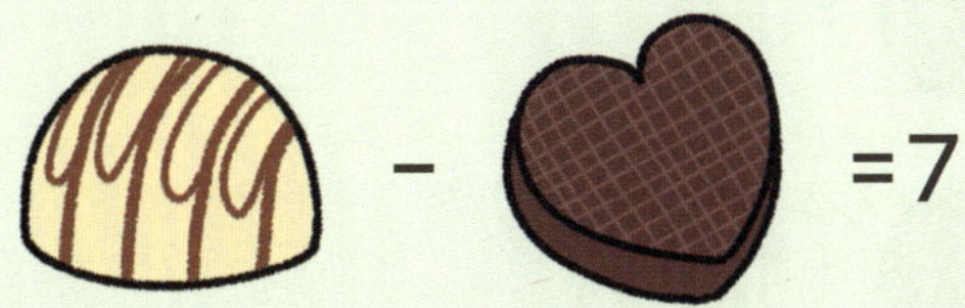 =7

 =

**4**

 =30    =

**5**

+ =46    − =

137

**2** 종류가 다른 쿠키가 나타내는 수는 각각 달라요. 다음 식을 보고, 각 쿠키
가 나타내는 수를 구하세요.

❶

🍪 + 🍪 =12

🍪 + 🍪 =13

🍪 = ☐     🍪 = ☐

❷

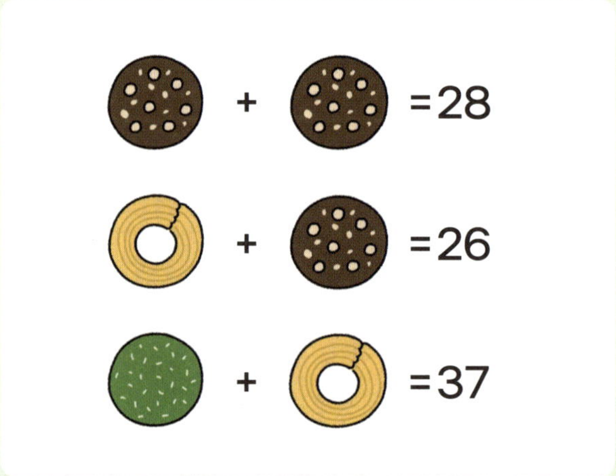

🍪 + 🍪 =28

🍩 + 🍪 =26

🍪 + 🍩 =37

🍪 = ☐     🍩 = ☐     🍪 = ☐

**3**

$$\bigstar + \bigstar = 60$$

$$\bigstar - \blacksquare = 20$$

$$\blacksquare + \blacksquare = \heartsuit$$

 =  ☐      =  ☐     ♥ =  ☐

**4**

$$\bigcirc + \bigcirc = 26$$

$$\bigcirc + 12 = \heartsuit$$

$$\heartsuit - \bigcirc = 11$$

 =  ☐     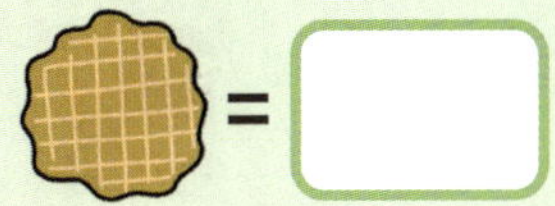 =  ☐     ⬤ =  ☐

**3** 가로 합과 세로 합을 나타낸 표예요. 각 초콜릿과 쿠키가 나타내는 수를 찾아 써 보세요.

**❸**

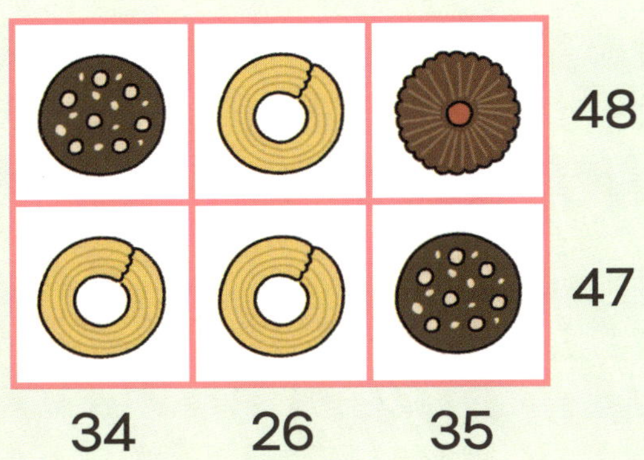

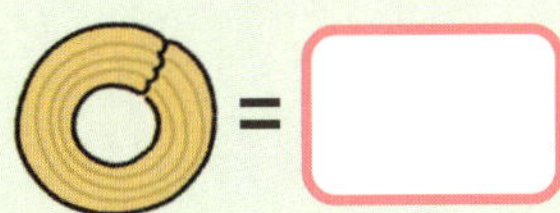 =　　　　　 =

**❹**

 =　　　　　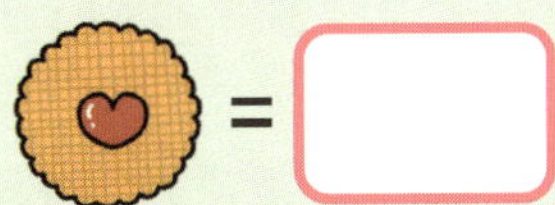 =

 =　　　　　 =

# 더하고 빼서 식을 완성해요

**1** [보기]와 같이 수 카드를 활용해 여러 가지 식을 만들려고 해요. 하나의 식에서 수 카드는 한 번씩만 이용해 식을 완성해 보세요.

**보기**

| 2 | 3 | 4 |

$$3 - 2 = 1$$

$$4 - 2 = 2$$

$$2 + 4 - 3 = 3$$

| 2 | 3 | 7 | 9 |

☐ − ☐ = 1          ☐ − ☐ = 2

□ + □ + □ − □ = 3

□ − □ = 4

□ + □ = 5

□ − □ = 6

□ − □ = 7

□ + □ − □ = 8

□ + □ = 9

□ + □ = 10

□ + □ = 11

□ + □ = 12

정답

**❶ 순서대로 수 세기**

# 순서대로 수를 세요

월　일

**1** [보기]처럼 같은 수를 나타내는 카드끼리 연결해 보세요.

**보기**

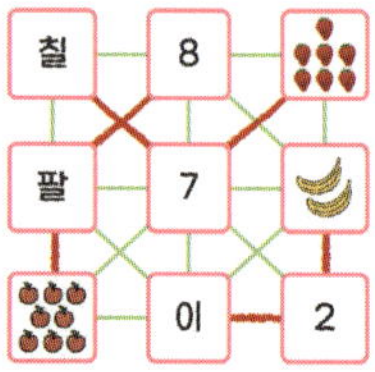

| | | |
|---|---|---|
| 칠 | 8 | (딸기) |
| 팔 | 7 | (바나나) |
| (딸기) | 이 | 2 |

**❶**

| | | | |
|---|---|---|---|
| 하나 | (포도) | 5 | 오 |
| 육 | 1 | (바나나) | (포도) |
| 삼 | (바나나) | 8 | (딸기) |
| (별) | (포도) | (콩) | 팔 |

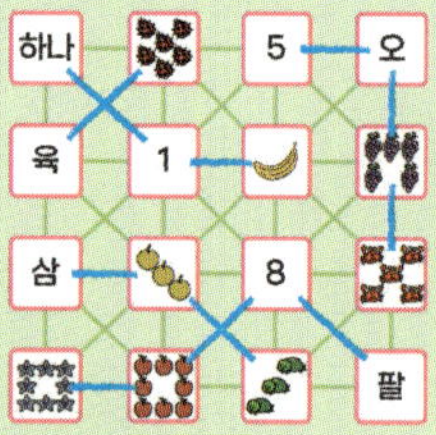

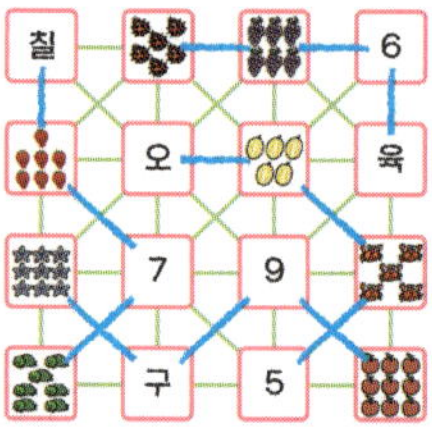

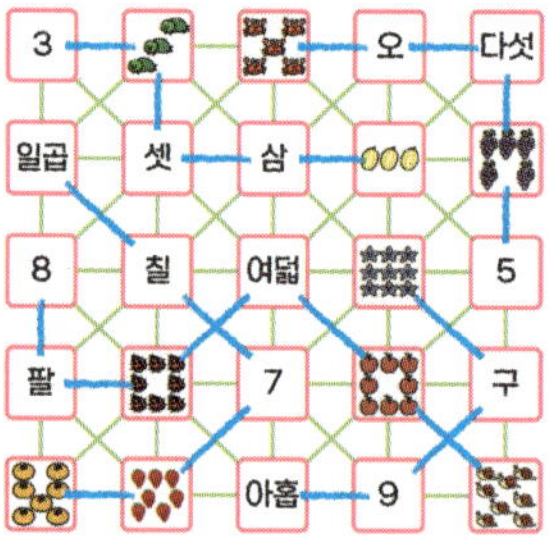

**❷**

| | | | |
|---|---|---|---|
| 칠 | (포도) | (딸기) | 6 |
| (포도) | 오 | (콩) | 육 |
| (별) | 7 | 9 | (딸기) |
| (콩) | 구 | 5 | (딸기) |

**❸**

| | | | | |
|---|---|---|---|---|
| 3 | (콩) | (딸기) | 오 | 다섯 |
| 일곱 | 셋 | 삼 | (콩) | (포도) |
| 8 | 칠 | 여덟 | (별) | 5 |
| 팔 | (포도) | 7 | (딸기) | 구 |
| (별) | (포도) | 아홉 | 9 | (딸기) |

---



월　일

**2** 출발부터 도착까지 수를 순서대로 이어 보세요.

출발 →

| 25 | 스물여섯 | 삼십칠 | 40 | 41 | 52 |
|---|---|---|---|---|---|
| 마흔여섯 | 이십칠 | 28 | 29 | 서른 | 마흔하나 |
| 서른다섯 | 34 | 삼십삼 | 삼십이 | 31 | 마흔둘 |
| 삼십육 | 45 | 44 | 스물다섯 | 22 | 33 |
| 37 | 서른여덟 | 39 | 마흔 | 사십일 | 42 |

도착

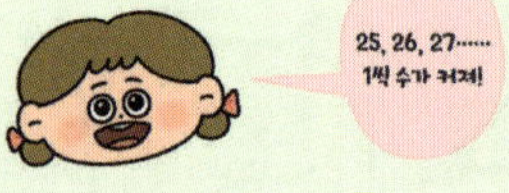

**3** 출발부터 도착까지 수를 거꾸로 이어 보세요.

출발 →

| 마흔아홉 | 사십팔 | 마흔일곱 | 40 | 36 | 37 |
|---|---|---|---|---|---|
| 50 | 42 | 46 | 38 | 서른일곱 | 삼십삼 |
| 46 | 서른넷 | 사십오 | 42 | 41 | 서른넷 |
| 45 | 사십 | 44 | 사십삼 | 마흔 | 35 |
| 48 | 49 | 마흔하나 | 사십칠 | 39 | 38 |

도착





146

응용력이 커지는 STEP 2

## 순서대로 수를 써요

월 일

1 [보기]와 같이 카드를 순서대로 또는 거꾸로 늘어 놓아 보세요.

보기

| | | |
|---|---|---|
| 9 | 8 | 12 |
| 13 | 11 | 10 |

→ 8 9 10 11 12 13

❶

| | | |
|---|---|---|
| 13 | 15 | 18 |
| 14 | 17 | 16 |

→ 13 14 15 16 17 18

❷

| | | |
|---|---|---|
| 28 | 25 | 30 |
| 29 | 27 | 26 |

→ 30 29 28 27 26 25

2 다음 수 카드를 순서대로 늘어놓았을 때 연속하는 수가 되도록 ♥에 알맞은 수를 써 보세요.

❶

| | | |
|---|---|---|
| 6 | 7 | 11 |
| 10 | ♥ | 9 |

→ 6 7 ♥ 9 10 11

♥ = 8

❷

| | | |
|---|---|---|
| ♥ | 13 | 9 |
| 10 | 8 | 12 |

→ 8 9 10 ♥ 12 13

♥ = 11

16
17

응용력이 커지는 STEP 2

월 일

3 [보기]와 같이 가로나 세로 어떤 방향이든 연속된 수를 따라 통나무 징검다리를 건너려고 해요. 빈칸에 알맞은 수를 써 보세요.

보기

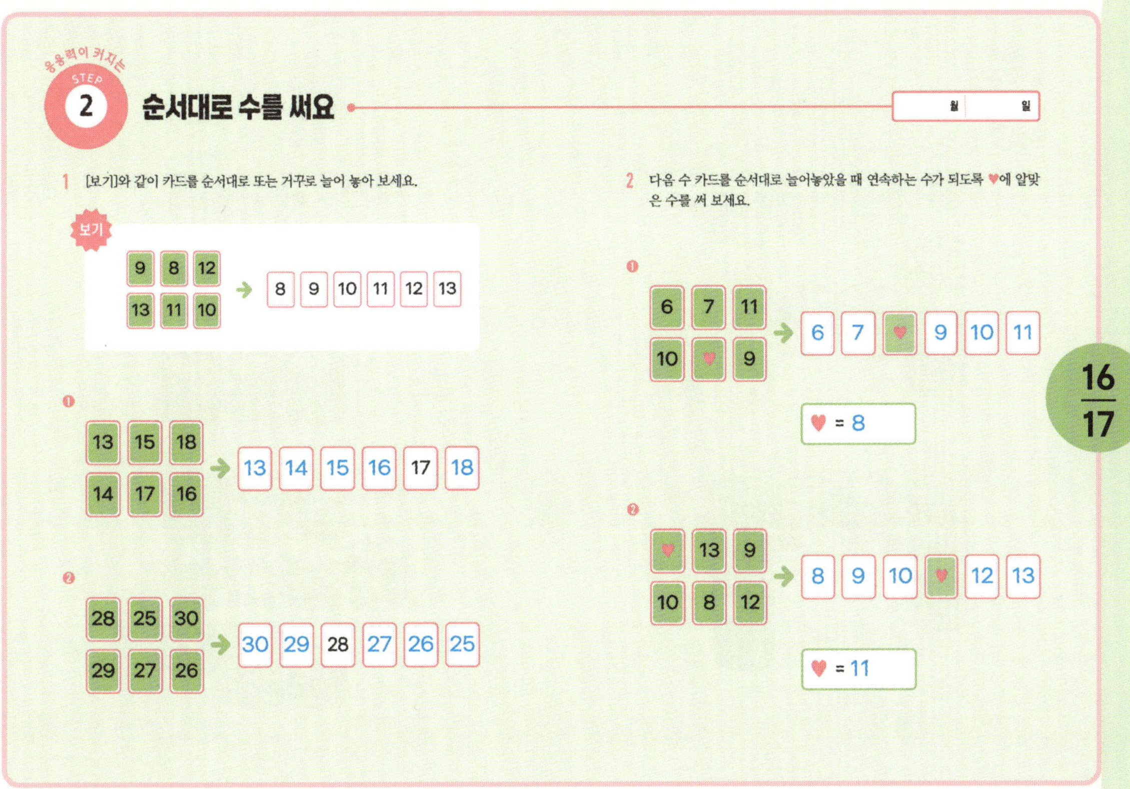

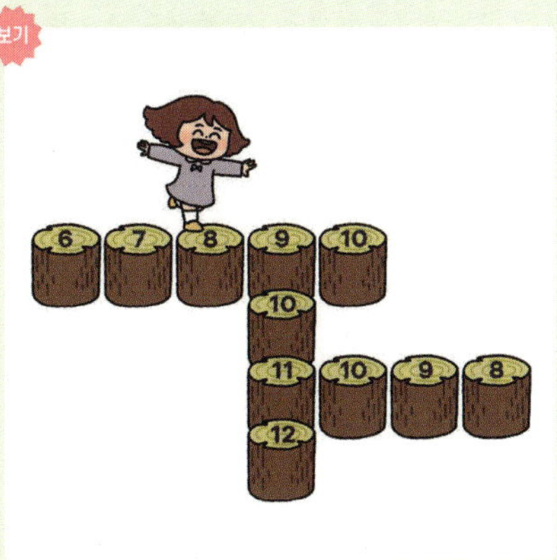


❶

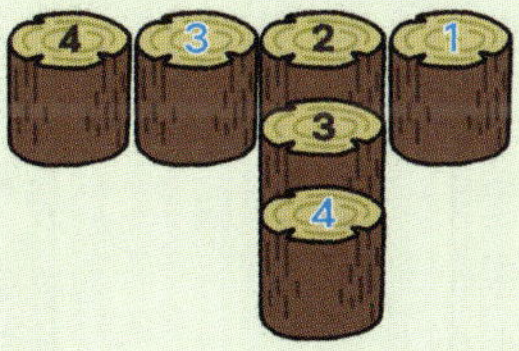


❷

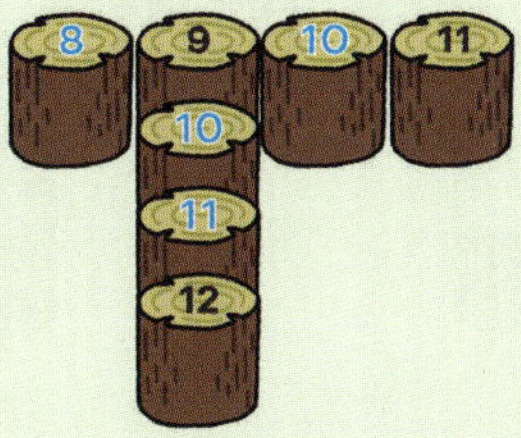


18
19

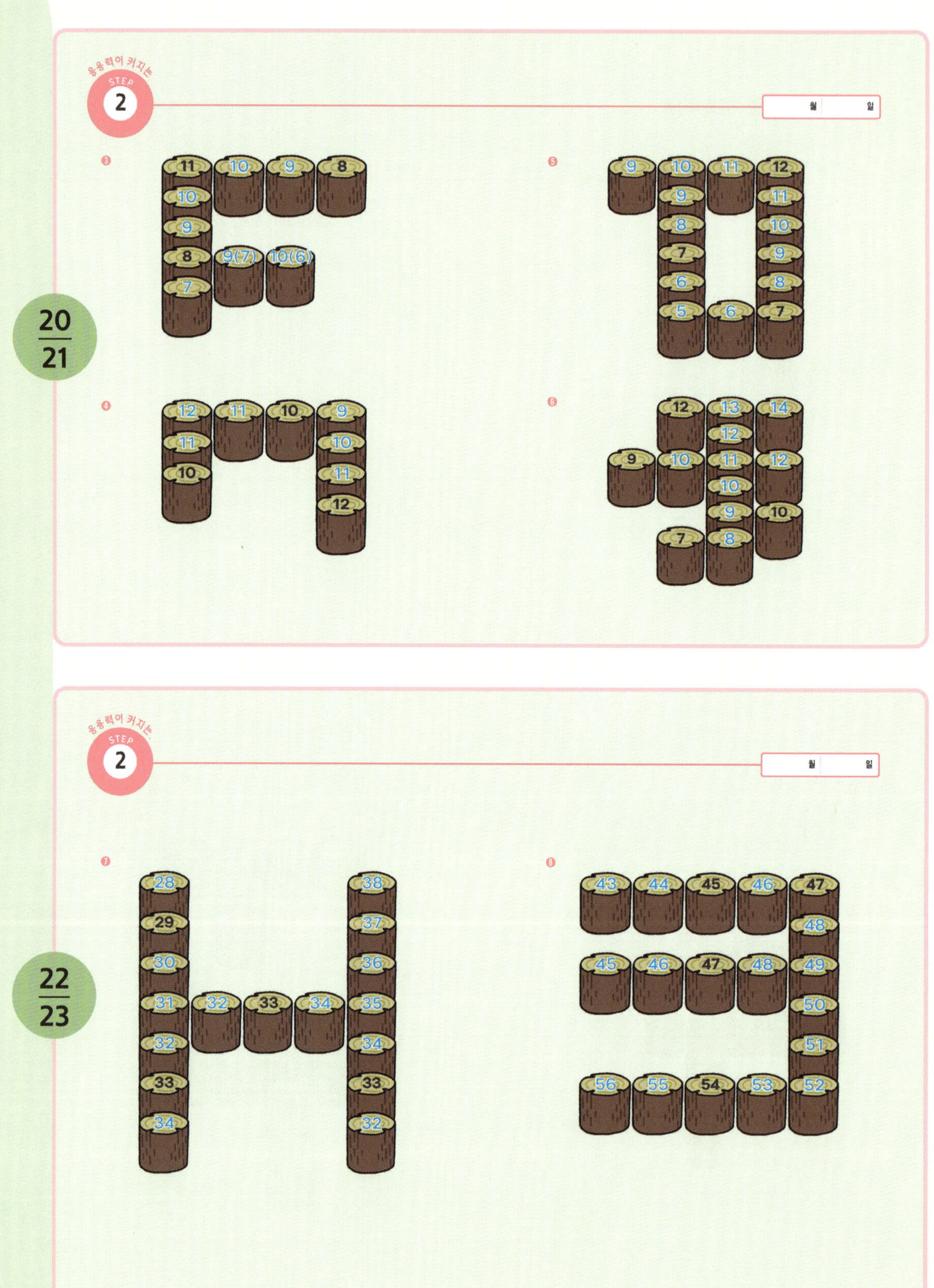



148

# STEP 3 순서를 찾아봐요

월 일

1 방 번호는 [보기]와 같이 연속된 수로 이어져요. 생쥐는 고양이를 피해서
9번 방에 숨어 있대요. 생쥐가 숨어 있는 방을 모두 찾아 ○표 해 보세요.

❶

24/25



# STEP 3

월 일

❷    ❸

26/27

16

② 순서대로 비교하기

# 수의 크기를 비교해요



**1** 다람쥐는 밖에서 안으로 더 큰 수를 따라 앞 또는 옆으로 걸어가요. 빨간 다람쥐가 '라'까지 도착한 길을 보며, 노란 다람쥐, 초록 다람쥐가 도착한 방석의 기호를 각각 ○ 안에 써 보세요.

**2** 이번에 다람쥐는 밖에서 안으로 더 작은 수를 따라 앞 또는 옆으로 걸어가요. 빨간 다람쥐가 '바'까지 도착한 길을 보며, 노란 다람쥐, 파란 다람쥐가 도착한 방석의 기호를 각각 ○ 안에 써 보세요.

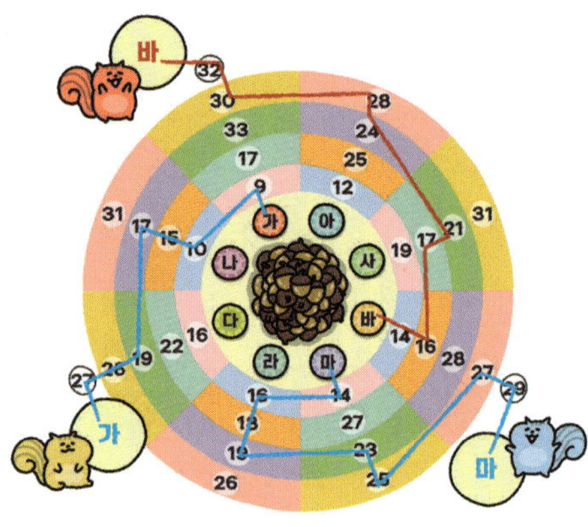





**3** [보기]와 같이 출발에서 도착까지 가려고 해요. 다른 카드로 이동할 때는 가로, 세로, 대각선으로 연결된 카드이면서 더 큰 수가 적힌 카드로만 움직일 수 있어요. 출발부터 도착까지 선으로 연결해 보세요.

보기

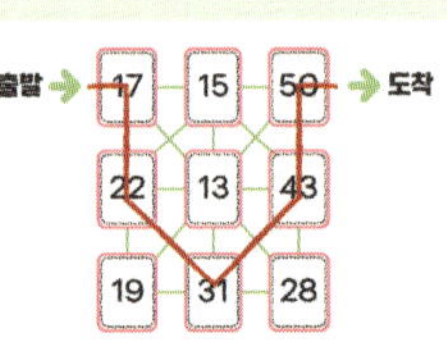



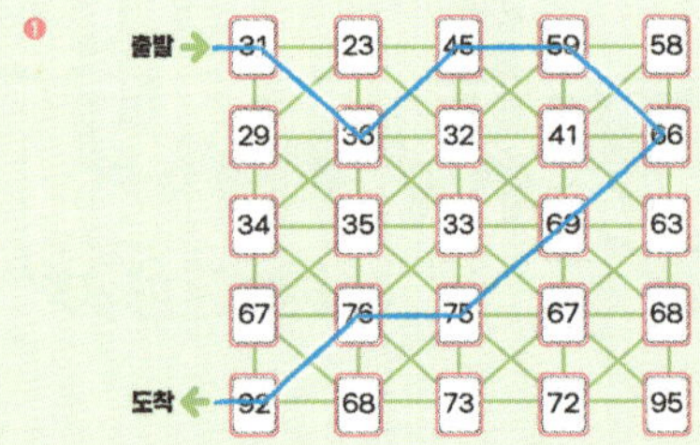

❶ 

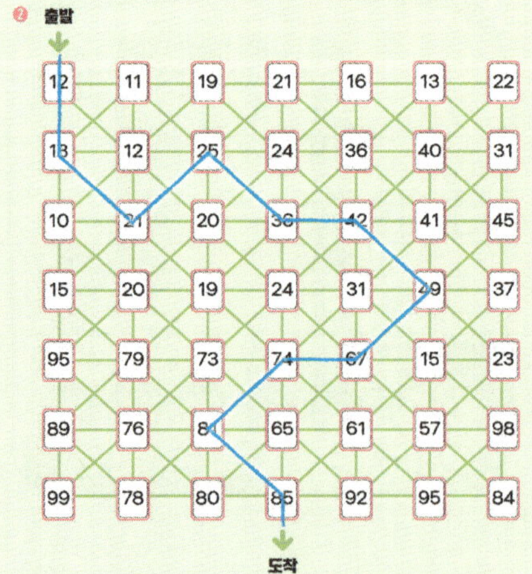

❷ 

응용력이 커지는 STEP 2

## 수의 특징을 살펴요

월 일

1 도연이와 시우가 수 맞히기 놀이를 하고 있어요. 두 사람의 대화를 읽고 도연이가 말한 수를 써 보세요.

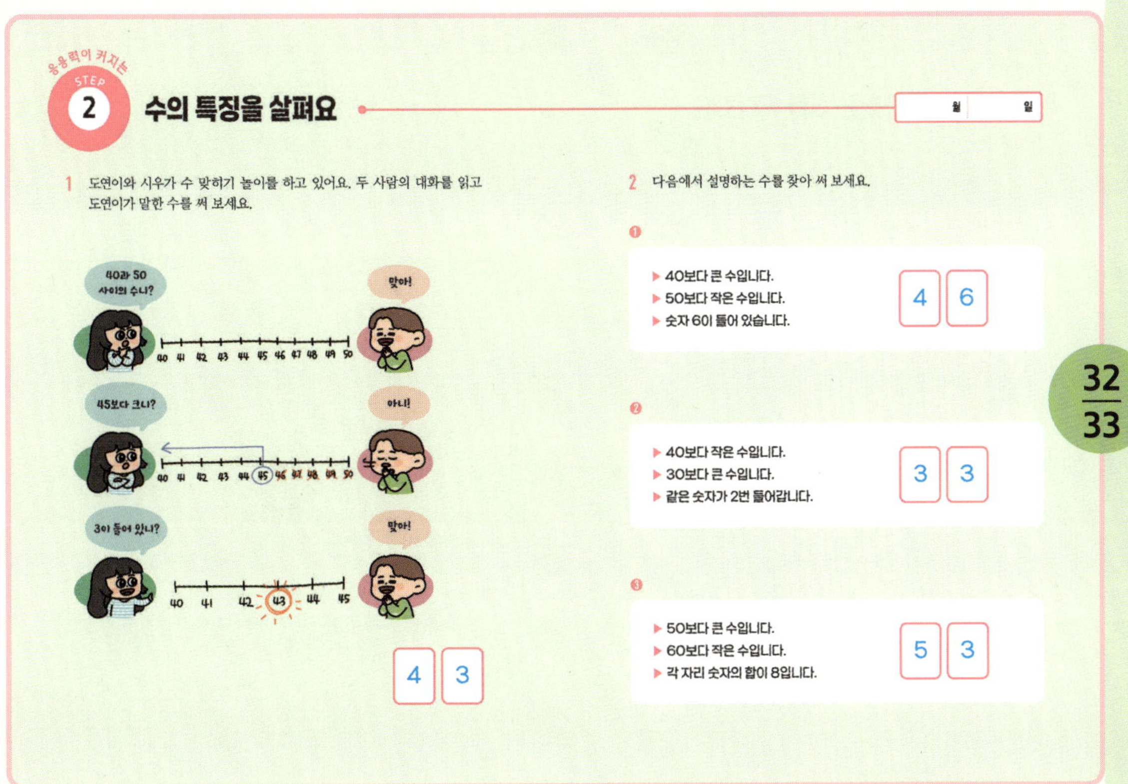

4 3

2 다음에서 설명하는 수를 찾아 써 보세요.

❶
- ▶ 40보다 큰 수입니다.
- ▶ 50보다 작은 수입니다.
- ▶ 숫자 6이 들어 있습니다.

4 6

❷
- ▶ 40보다 작은 수입니다.
- ▶ 30보다 큰 수입니다.
- ▶ 같은 숫자가 2번 들어갑니다.

3 3

❸
- ▶ 50보다 큰 수입니다.
- ▶ 60보다 작은 수입니다.
- ▶ 각 자리 숫자의 합이 8입니다.

5 3

32/33

응용력이 커지는 STEP 2

월 일

3 다음 친구들이 설명하는 수를 찾아 써 보세요.

❶ 십의 자리 숫자가 3인 두 자리 수 중 가장 큰 수는? 3 9

❷ 십의 자리 숫자가 7인 두 자리 수 중 가장 작은 홀수는? 7 1

❸ 가장 큰 두 자리 수는? 9 9

❹ 가장 작은 두 자리 수는? 1 0

❺ 일의 자리 숫자가 5인 두 자리 수 중 가장 큰 수는? 9 5

4 가로 열쇠, 세로 열쇠를 보고 가로세로 수 퍼즐을 완성해 보세요.

❶

| | | |
|---|---|---|
| ㉮1 | ㉯1 | ■ |
| ■ | ㉰9 | ㉱8 |
| ■ | ■ | 2 |

가로 열쇠
㉮ 십의 자리 숫자가 1인 두 자리 수 중 가장 작은 홀수
㉰ 두 자리 수 중 가장 큰 짝수

세로 열쇠
㉯ 십의 자리 숫자가 1인 두 자리 수 중 가장 큰 수
㉱ 각 자리 숫자의 합이 10인 두 자리 수

❷

| | | |
|---|---|---|
| ■ | ㉮5 | ㉯9 |
| ㉰6 | ■ | 0 |
| ㉱8 | 7 | ■ |

가로 열쇠
㉮ 십의 자리 숫자가 5인 두 자리 수 중 가장 큰 홀수
㉱ 십의 자리 숫자가 일의 자리 숫자보다 1만큼 더 큰 두 자리 수

세로 열쇠
㉯ 십의 자리 숫자가 9인 두 자리 수 중 가장 작은 수
㉰ 십의 자리 숫자가 6인 두 자리 수 중 가장 큰 짝수

34/35

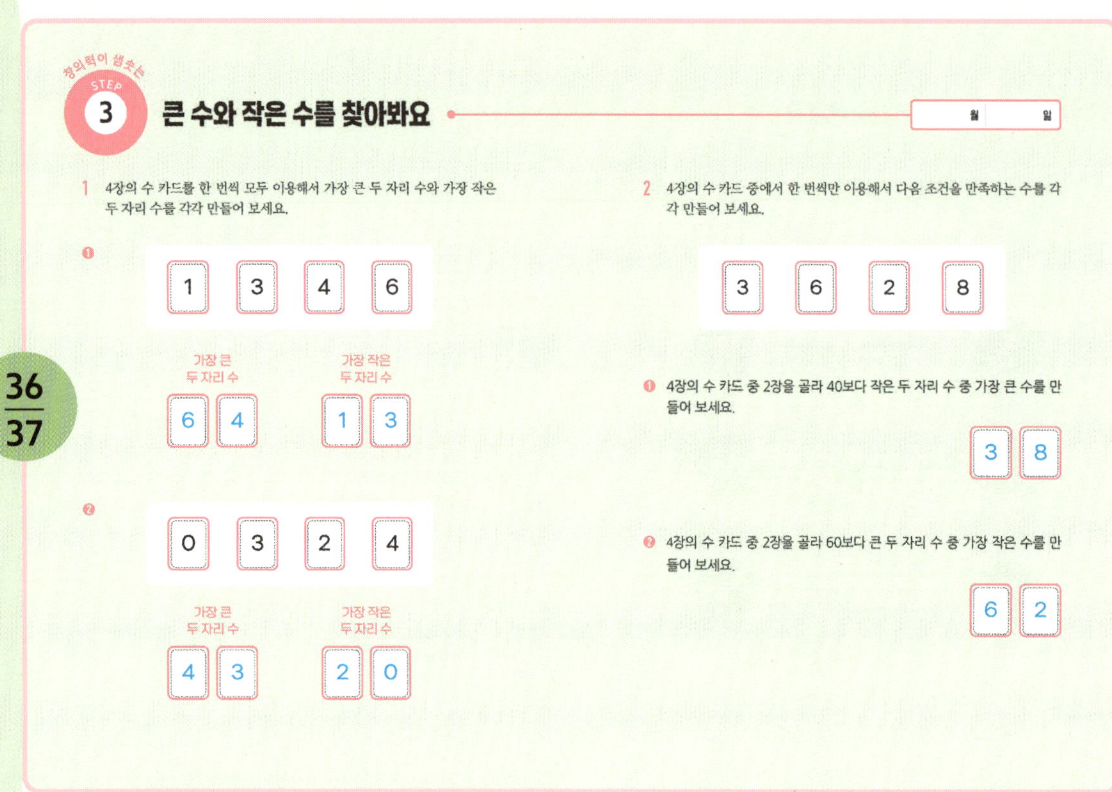

창의력이 생솟는
STEP
3
큰 수와 작은 수를 찾아봐요
월    일

36/37

1  4장의 수 카드를 한 번씩 모두 이용해서 가장 큰 두 자리 수와 가장 작은 두 자리 수를 각각 만들어 보세요.

❶
1    3    4    6

가장 큰 두 자리 수     가장 작은 두 자리 수
6  4                1  3

❷
0    3    2    4

가장 큰 두 자리 수     가장 작은 두 자리 수
4  3                2  0

2  4장의 수 카드 중에서 한 번씩만 이용해서 다음 조건을 만족하는 수를 각각 만들어 보세요.

3    6    2    8

❶ 4장의 수 카드 중 2장을 골라 40보다 작은 두 자리 수 중 가장 큰 수를 만들어 보세요.
3  8

❷ 4장의 수 카드 중 2장을 골라 60보다 큰 두 자리 수 중 가장 작은 수를 만들어 보세요.
6  2

생각이 자라는
STEP
1
❸ 순서대로 수 퍼즐
순서대로 연결해요
월    일

38/39

1  [보기]에 따라 1부터 15까지의 수를 순서대로 연결해 보세요.

보기
▸ 오른쪽, 왼쪽, 위, 아래 연결된 칸으로만 이동할 수 있어요.
▸ 대각선으로는 이동할 수 없어요.
▸ 한 번 지나간 칸은 다시 지나갈 수 없어요.

출발
도착

❷
1에서 출발해도 좋고, 15에서 출발해도 좋아. 거꾸로 가다보면 서로 만나게 될 거야!
출발
도착

생각이 자라는 STEP 1

월 일

③

④

응용력이 커지는 STEP 2

## 모든 칸을 순서대로 지나요

월 일

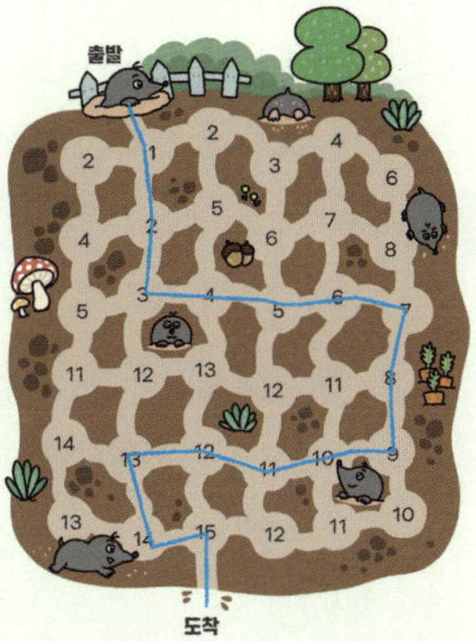

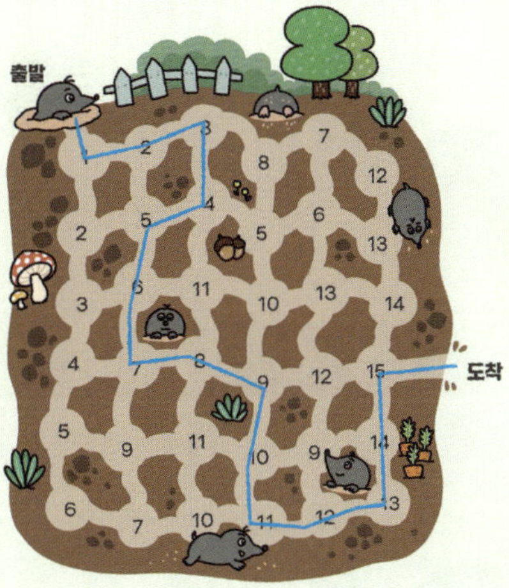

1~3 [보기]를 읽고 수 퍼즐을 풀어 보세요.

보기

- ▶ 오른쪽, 왼쪽, 위, 아래 연결된 칸으로만 이동할 수 있어요.
- ▶ 대각선으로는 이동할 수 없어요.
- ▶ 한 번 지나간 칸은 다시 지나갈 수 없어요.
- ▶ 모든 칸은 한 번씩 다 지나야 해요.
- ▶ 집은 번호 순서대로 지나야 해요.

1 다음은 퍼즐을 잘못 푼 것입니다. 그 이유를 바르게 말한 친구를 찾아 ○표 해 보세요.

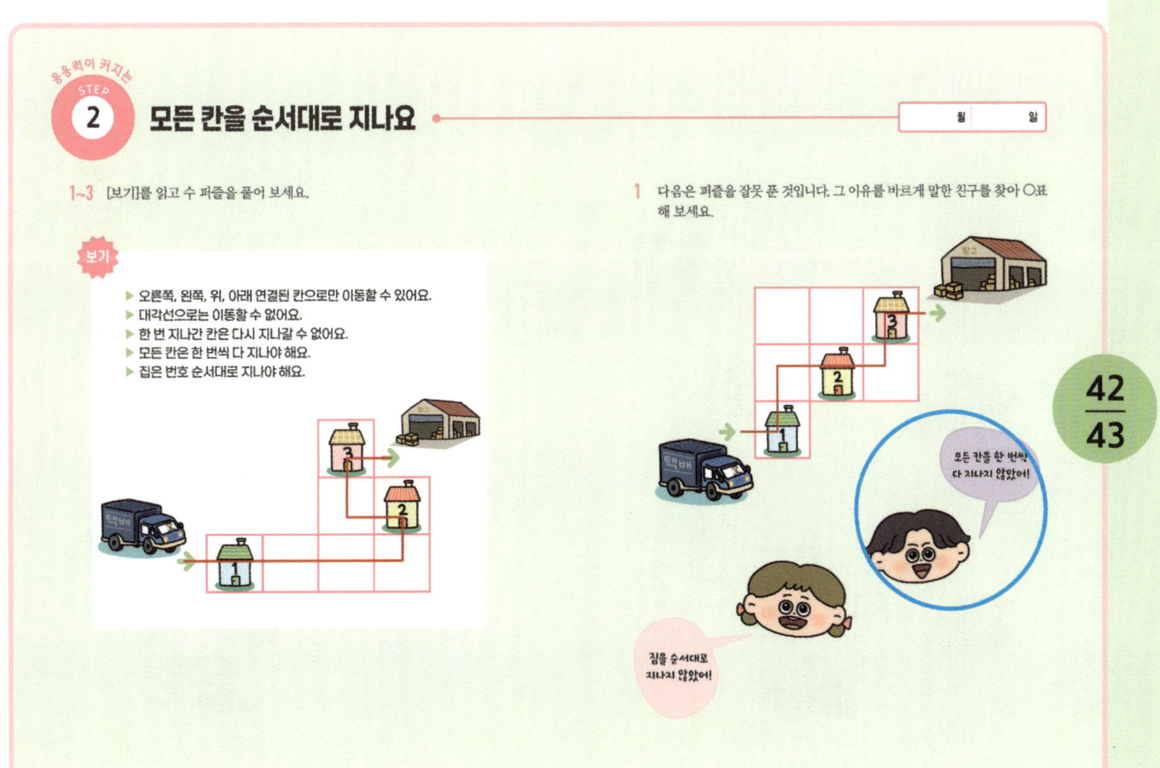

44
45

응용력이 커지는 STEP 2

월 일

2 [보기]에 따라 수를 순서대로 이어 길을 찾아 보세요.

❶

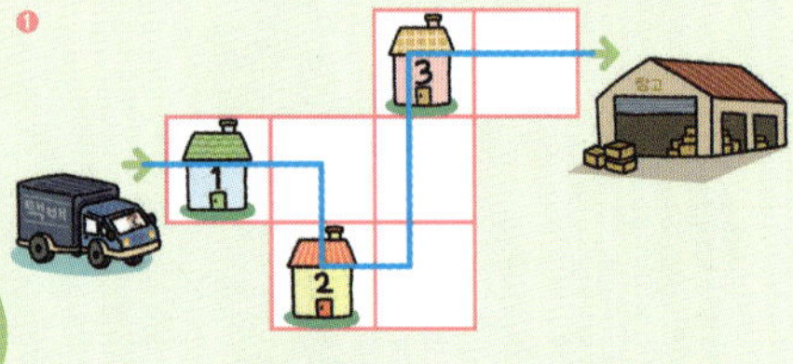

❸

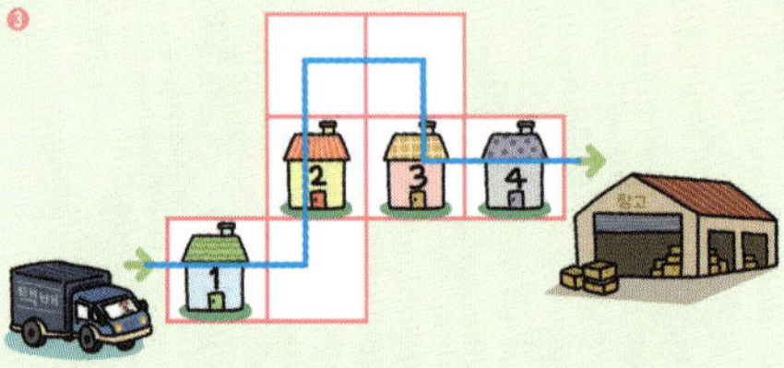

❷

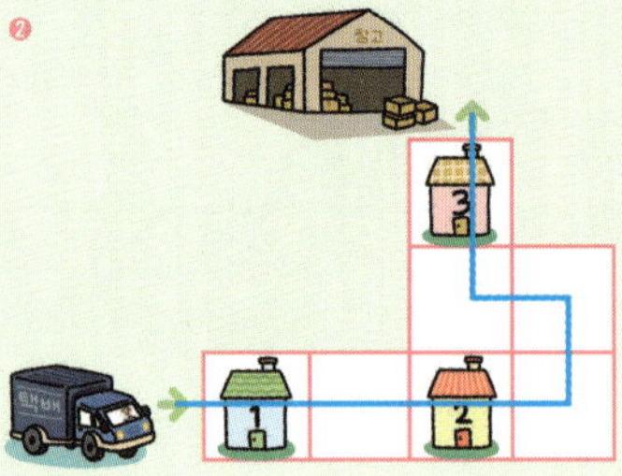

❹

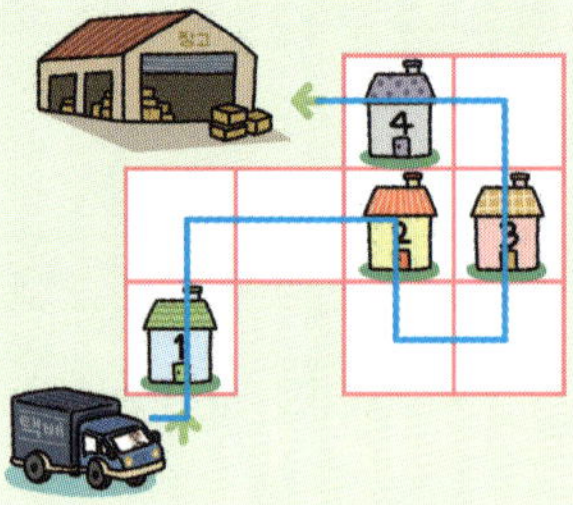

46
47

응용력이 커지는 STEP 2

월 일

3 [보기]에 따라 수를 순서대로 이어 길을 찾아 보세요.

❶

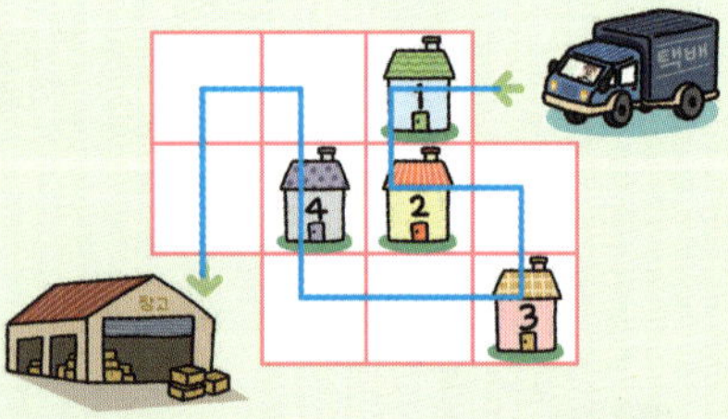

❸

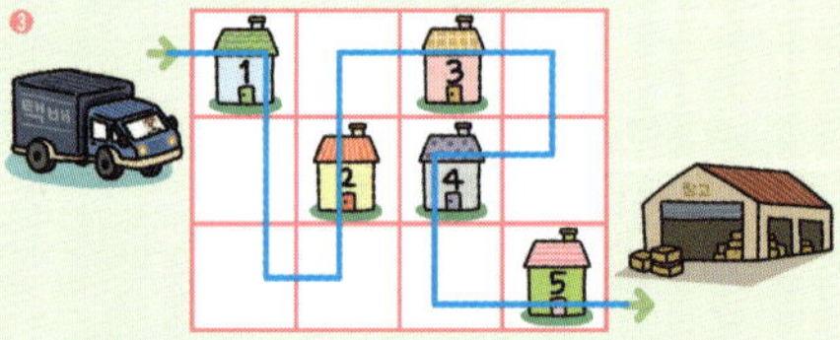

❷

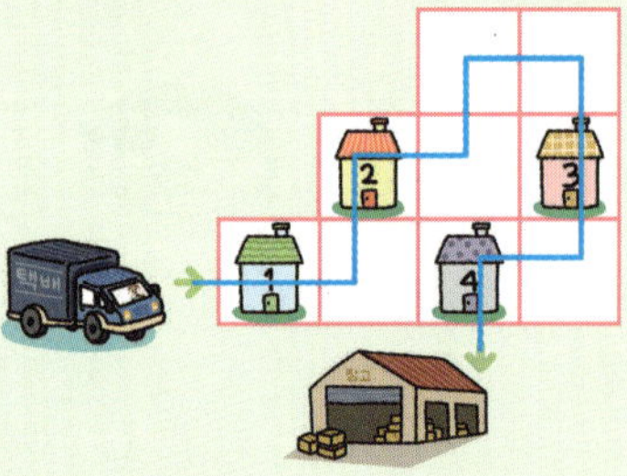

❹

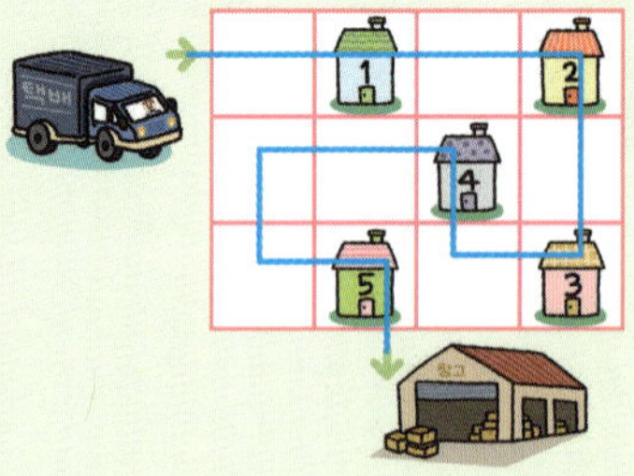

창의력이 샘솟는 STEP 3

## 어느 수가 더 클까?

월 일

1 [보기]와 같이 퍼즐을 풀어 보세요.

**보기**

▶ >, < 기호에 따라 빈칸에 알맞은 수를 써 넣으세요.
▶ 모든 가로줄과 세로줄에는 1, 2, 3이 모두 한 번씩 들어가요.

| | | | | |
|---|---|---|---|---|
| 1 | | 3 | > | 2 |
| ∧ | | | | |
| 2 | | 1 | | 3 |
| ∧ | | | | ∨ |
| 3 | | 2 | | 1 |

1<2나 3>1 처럼, 수 크기를 비교했을 때 수가 더 큰 쪽으로 기호가 벌어져요!

❶

| | | | | |
|---|---|---|---|---|
| 3 | > | 1 | | 2 |
| | | | | ∨ |
| 2 | | 3 | | 1 |
| | | | | |
| 1 | < | 2 | < | 3 |

❷

| | | | | |
|---|---|---|---|---|
| 1 | | 3 | | 2 |
| | | ∨ | | |
| 3 | > | 2 | > | 1 |
| | | | | |
| 2 | > | 1 | | 3 |

❸

| | | | | |
|---|---|---|---|---|
| 2 | < | 3 | | 1 |
| ∨ | | | | |
| 1 | | 2 | < | 3 |
| | | | | ∨ |
| 3 | | 1 | | 2 |

48/49

창의력이 샘솟는 STEP 3

월 일

❹

| | | | | |
|---|---|---|---|---|
| 1 | | 2 | < | 3 |
| ∧ | | ∨ | | |
| 3 | > | 1 | | 2 |
| | | | | ∨ |
| 2 | < | 3 | | 1 |

❻

| | | | | |
|---|---|---|---|---|
| 3 | | 2 | > | 1 |
| | | | | |
| 1 | | 3 | > | 2 |
| ∧ | | | | ∧ |
| 2 | > | 1 | | 3 |

❺

| | | | | |
|---|---|---|---|---|
| 1 | | 3 | | 2 |
| | | ∨ | | ∨ |
| 3 | > | 2 | | 1 |
| | | ∨ | | |
| 2 | | 1 | | 3 |

❼

| | | | | |
|---|---|---|---|---|
| 2 | | 3 | | 1 |
| | | ∨ | | |
| 3 | | 1 | < | 2 |
| | | ∧ | | ∧ |
| 1 | < | 2 | | 3 |

50/51

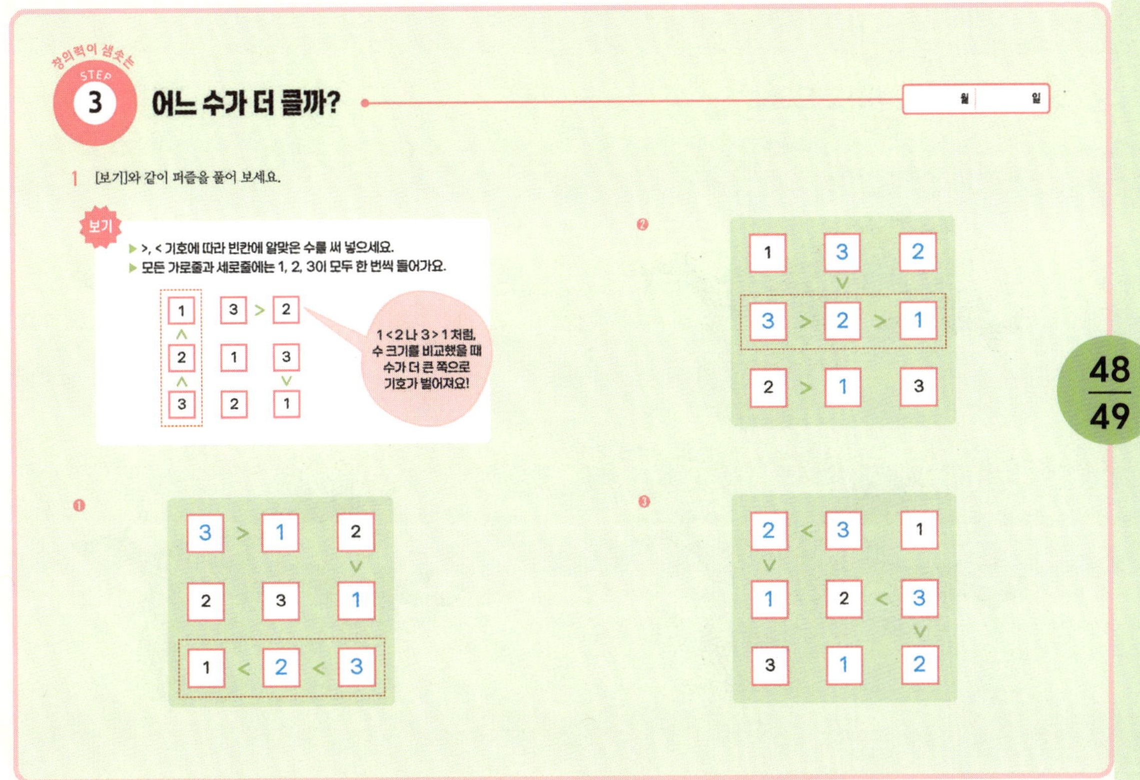

월 일

1 🏠에 적힌 수를 둘로 나눠 체리에 각각 써 보세요.



---



월 일

2 두 주사위 눈의 수를 모았을 때 7이 되는 주사위끼리 선으로 연결해 보세요. 짝이 없이 남는 주사위는 찾아서 ○표 해 보세요.

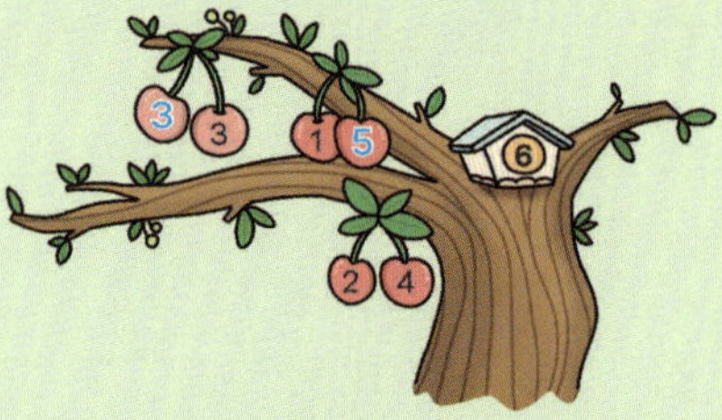

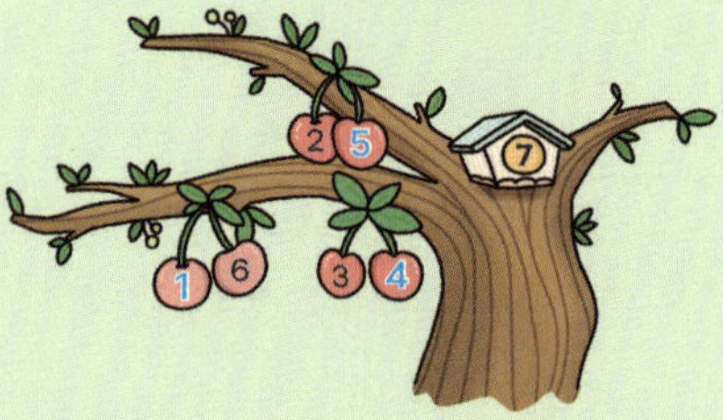

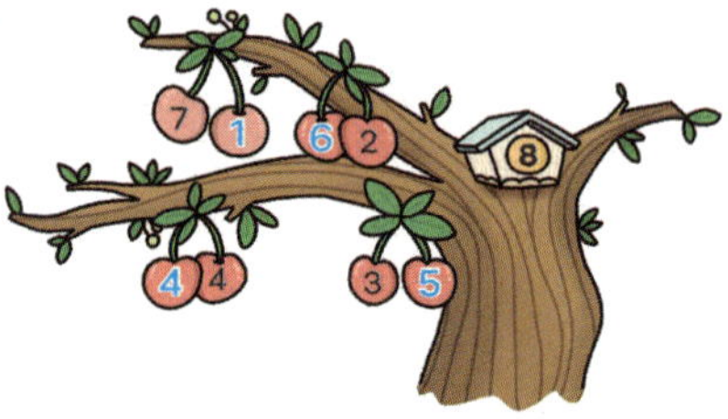

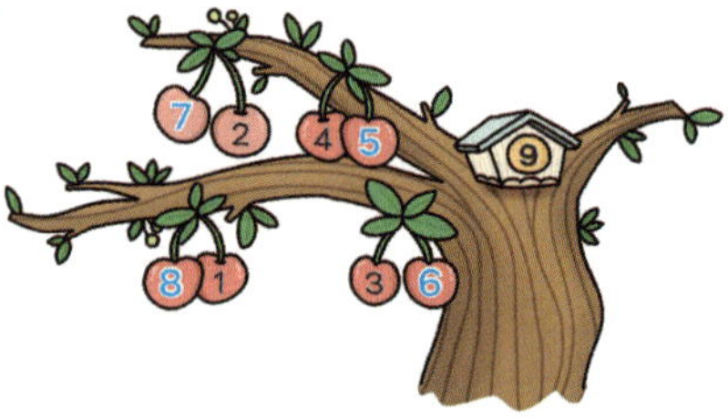

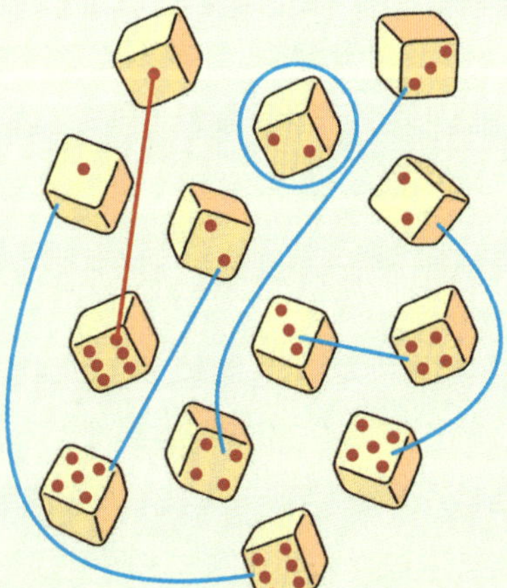

3 두 무당벌레 점의 수를 모았을 때 8이 되는 무당벌레끼리 선으로 연결하세요. 짝이 없이 남는 무당벌레는 찾아서 ○표 해 보세요.

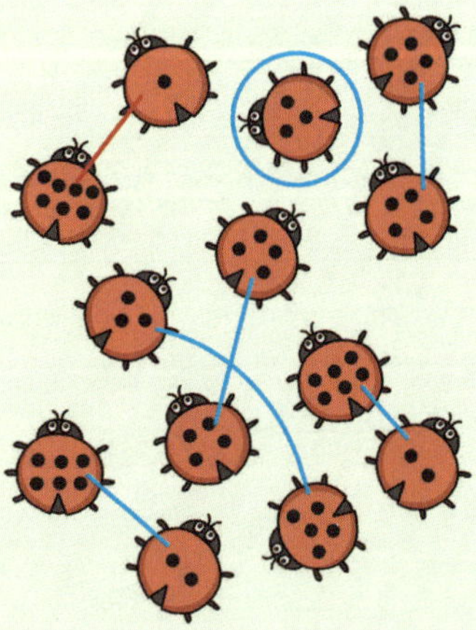

## 2 여러 번 가르고 모아요

**1** [보기]와 같은 규칙으로 빈칸에 알맞은 수를 써 보세요.

**2** [보기]와 같은 규칙으로 빈칸에 알맞은 수를 써 보세요.

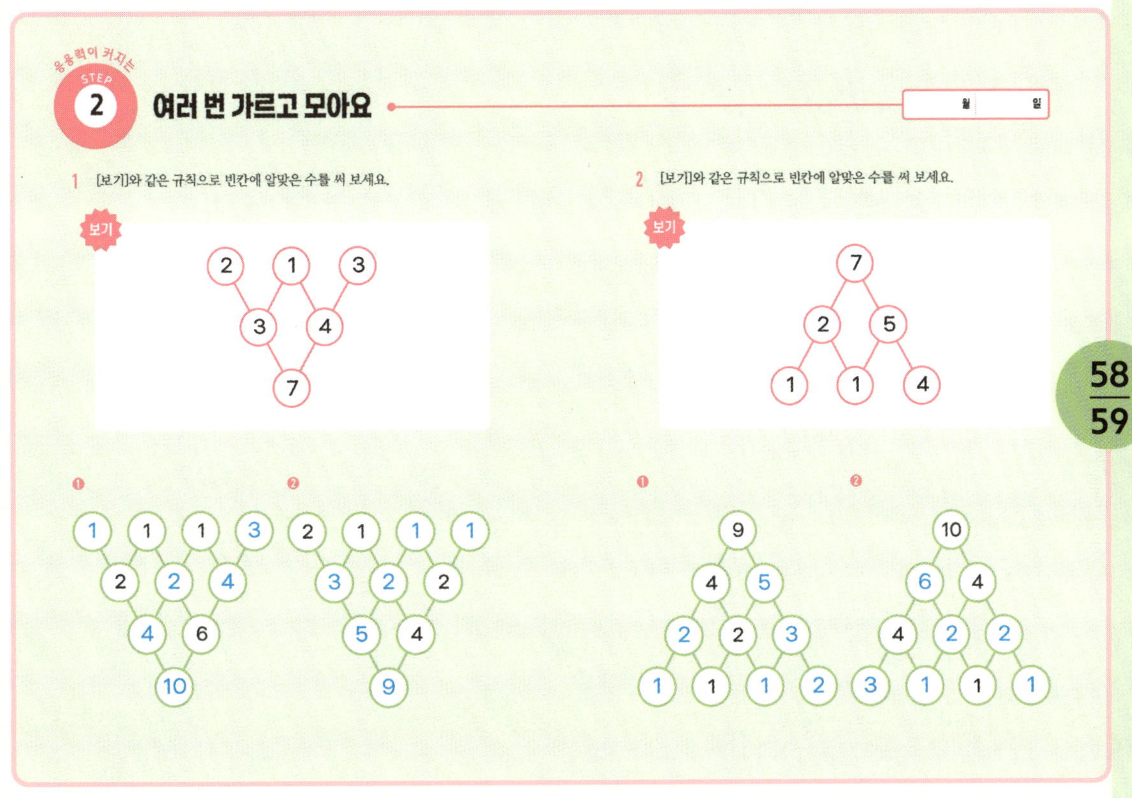

## 2

**3** 분홍 동그라미 안의 세 수를 모아 세모 안에 있는 수가 되도록 만들어 보세요. ● 안에 1부터 9까지 수 중 알맞은 수를 찾아 써 보세요.

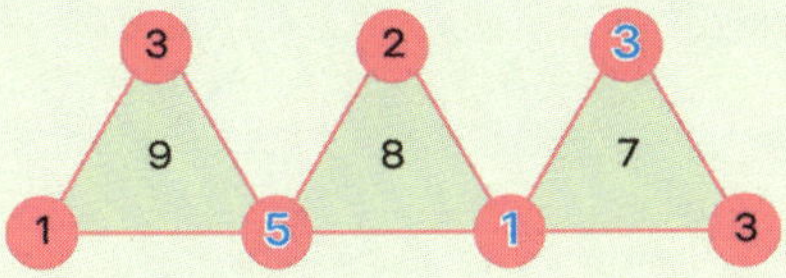

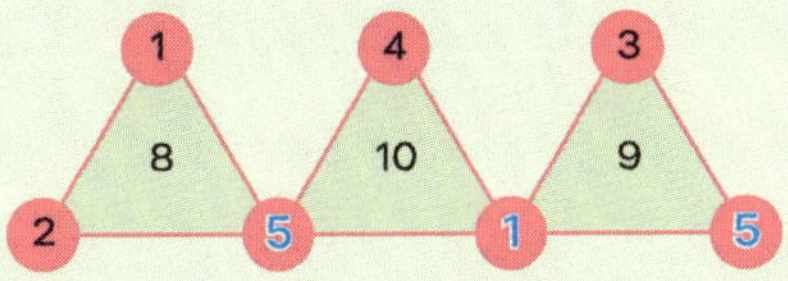

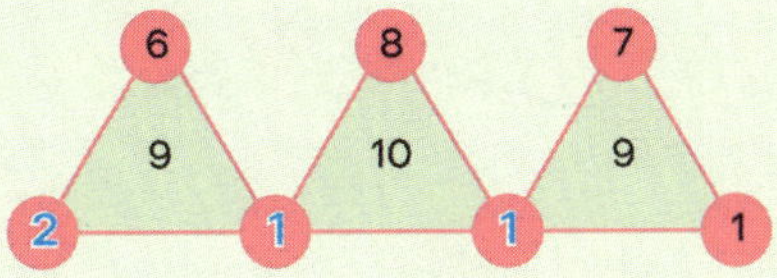

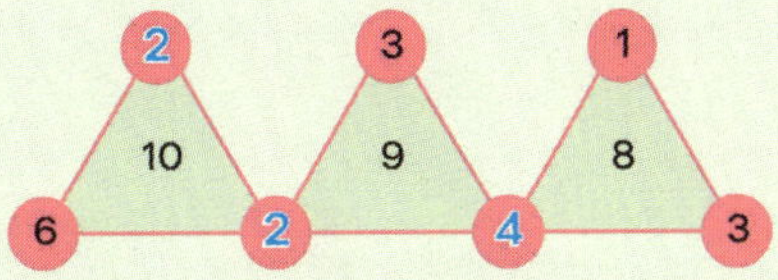

창의력이 샘솟는 STEP 3

## 여러 수로 갈라요

월 일

62
63

1 다음 수 카드를 이용해 6을 둘로, 셋으로 가르는 방법을 찾아보세요. 같은 카드를 여러 번 이용할 수 있어요.

1 2 3 4 5

❶ 6을 둘로 가르기

1 5 / 2 4 / 3 3

❷ 6을 셋으로 가르기

1 2 3 / 1 1 4 / 2 2 2

2 다음 수 카드를 이용해 7은 둘로, 8은 셋으로 가르는 방법을 찾아보세요. 같은 카드를 여러 번 이용할 수 있어요.

1 2 3 4 5 6 7

❶ 7을 둘로 가르기

1 6 / 2 5 / 3 4

❷ 8을 셋으로 가르기

1 1 6 / 2 2 4 / 1 2 5 / 2 3 3 / 1 3 4

생각이 자라는 STEP 1

❷ 더하고 빼기

## 더하고 빼요

월 일

64
65

1 합이 7이 되도록 동그라미를 세 개씩 선으로 이어 보세요.

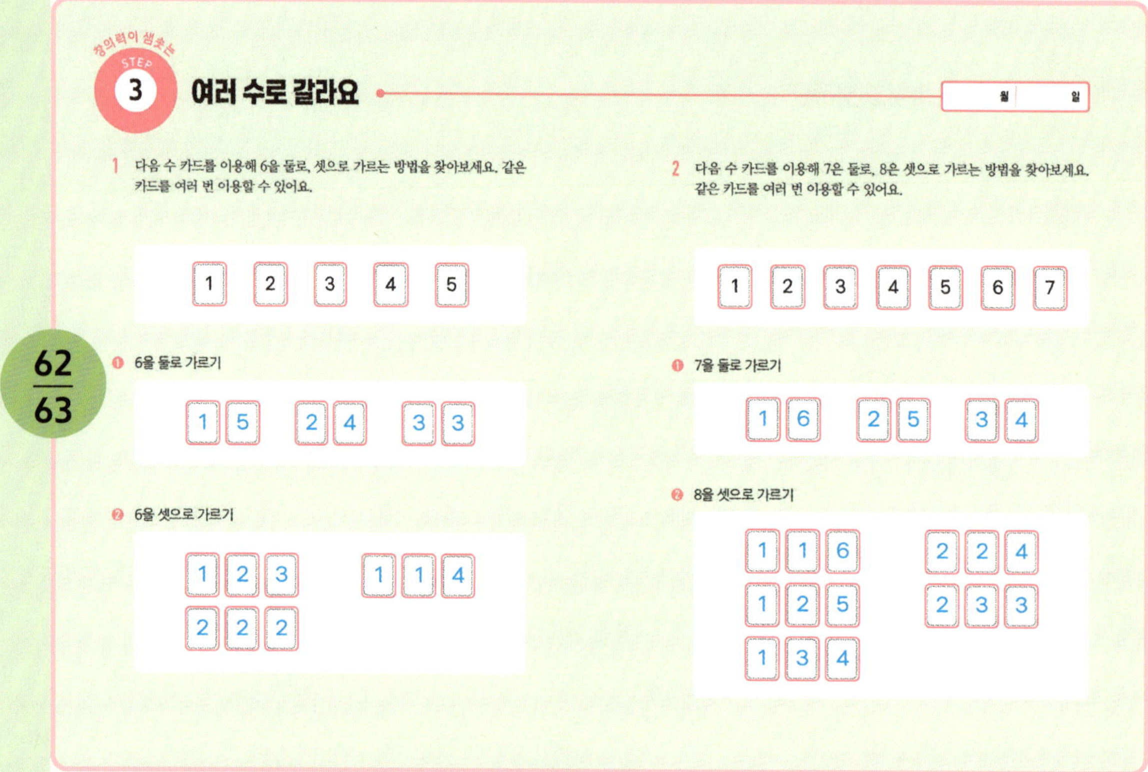

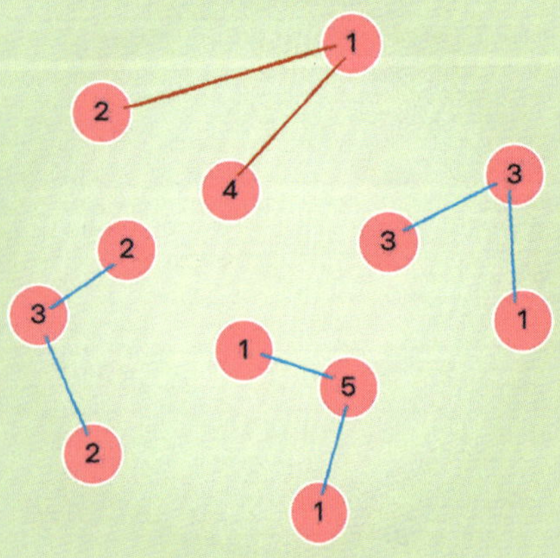

2 합이 8이 되도록 동그라미를 세 개씩 선으로 이어 보세요.

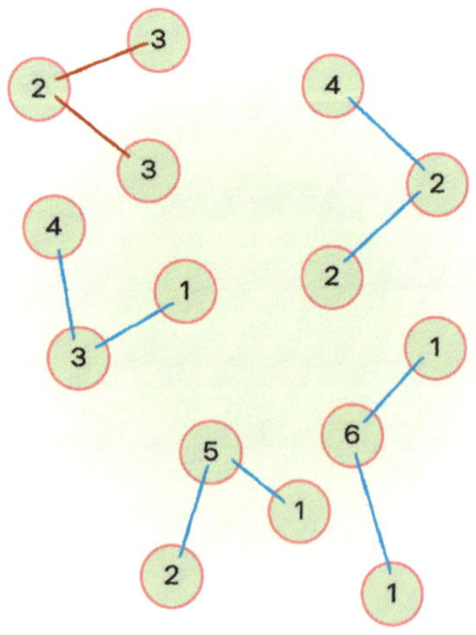

생각이 자라는 STEP 1

월 일

3 빈칸에 알맞은 수를 써 보세요. 같은 수를 여러 번 이용할 수 있어요.

❶ 가로세로로 한 줄의 합이 7이 되도록 빈칸을 채우세요.

| | | |
|---|---|---|
| 4 | 1 | 2 |
| 1 | 2 | 4 |
| 2 | 4 | 1 |

❷ 가로세로로 한 줄의 합이 8이 되도록 빈칸을 채우세요.

| | | |
|---|---|---|
| 3 | 3 | 2 |
| 1 | 2 | 5 |
| 4 | 3 | 1 |

❸ 가로세로로 한 줄의 합이 9가 되도록 빈칸을 채우세요.

| | | |
|---|---|---|
| 3 | 3 | 3 |
| 4 | 1 | 4 |
| 2 | 5 | 2 |

❹ 가로세로로 한 줄의 합이 10이 되도록 빈칸을 채우세요.

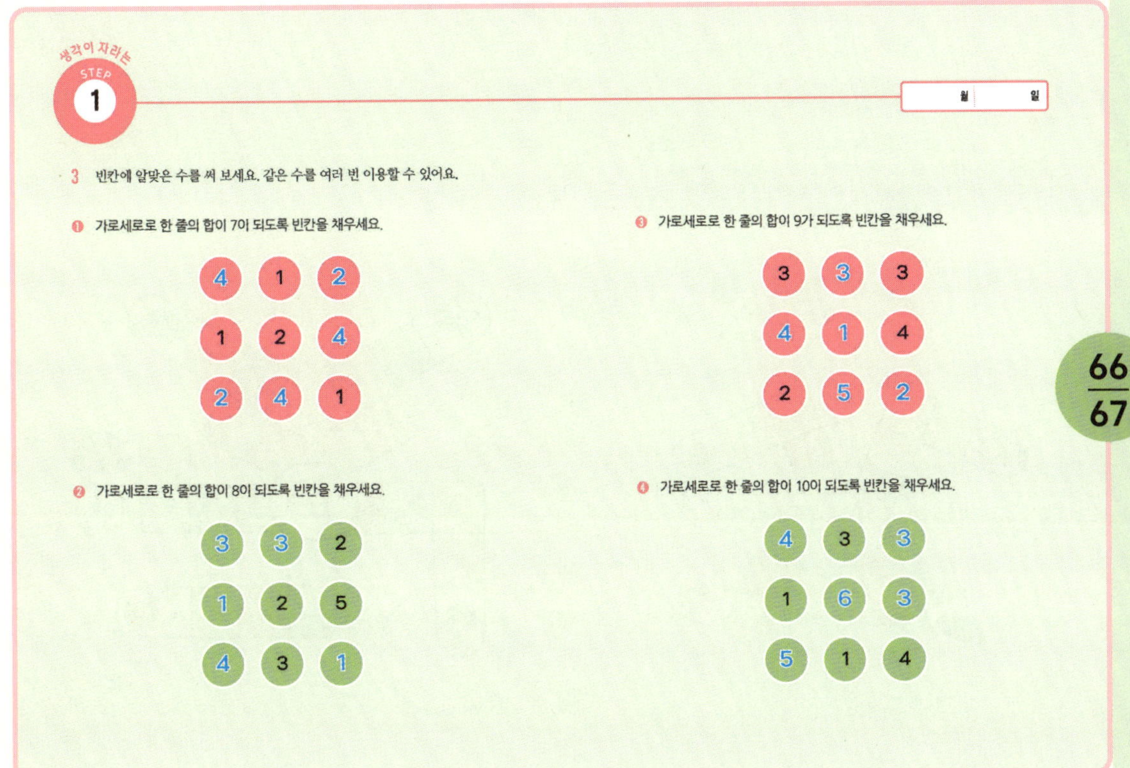

| | | |
|---|---|---|
| 4 | 3 | 3 |
| 1 | 6 | 3 |
| 5 | 1 | 4 |

66/67

응용력이 키지는 STEP 2

## 더하면 어떤 수가 될까?

월 일

1 연우와 태연이가 알뜰 시장에서 물건을 골랐어요. [보기]와 같이 두 친구가 내야 할 쿠폰 수 합계가 항상 같을 때, 안에 알맞은 쿠폰 수를 써 보세요.

보기

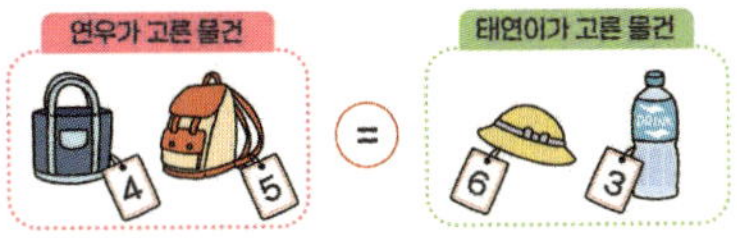


❶

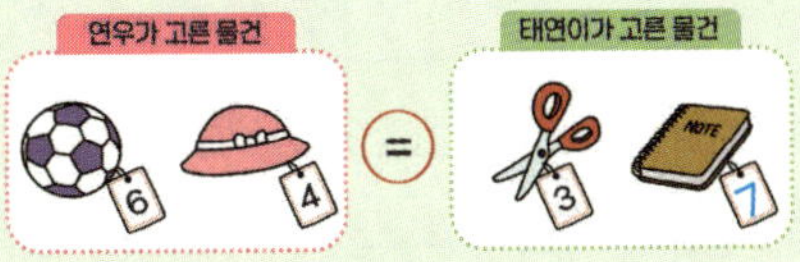


❷

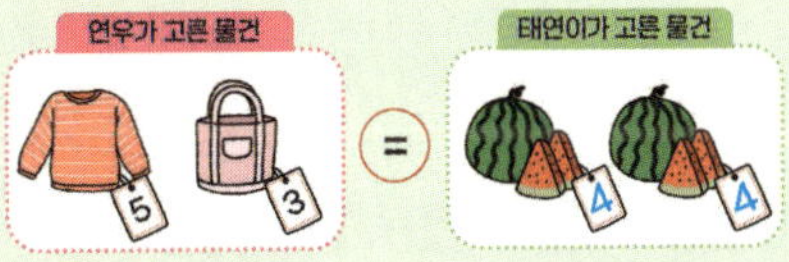


❸

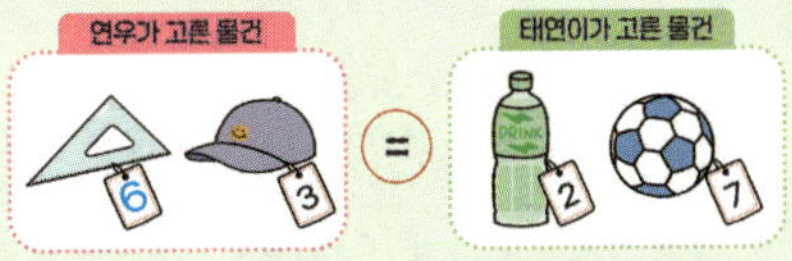


❹

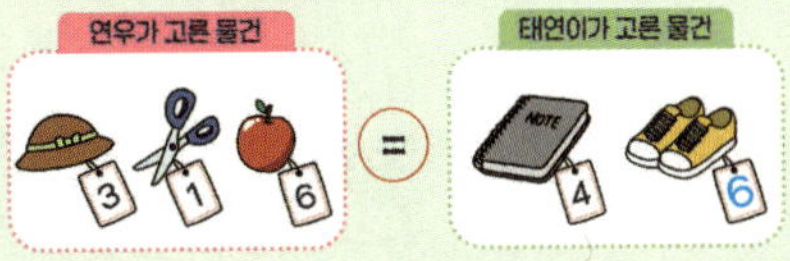


68/69

70
71

응용력이 커지는 STEP 2

월 일

2 네모 칸은 색깔에 따라 걸리는 시간이 달라요. 각 동물이 깃발까지 도착하는 데 얼마나 걸릴까요? 동물이 깃발까지 가는 데 걸린 시간을 구하고, 가장 빨리 도착한 동물을 찾아 ○표 해 보세요.

1분 2분 3분 4분

❶

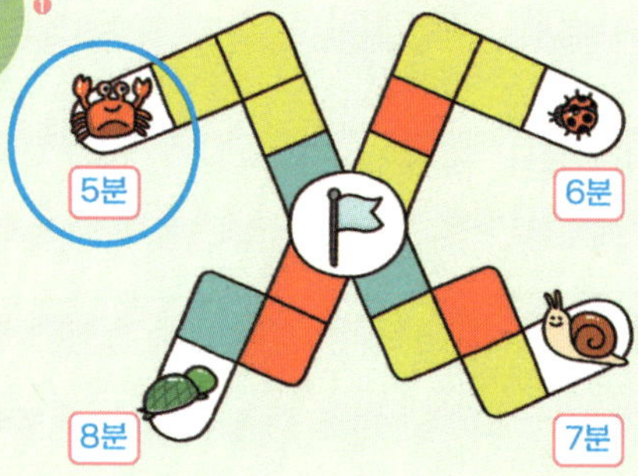


❷

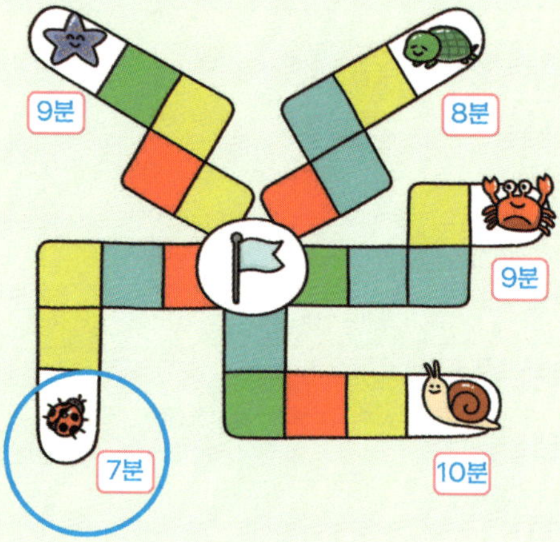


72
73

응용력이 커지는 STEP 2

월 일

3 네모 칸은 색깔에 따라 걸리는 시간이 달라요. 각 동물이 깃발까지 도착하는 데 얼마나 걸릴까요? 동물이 깃발까지 가는 데 걸린 시간을 구하고, 가장 빨리 도착한 동물을 찾아 ○표 해 보세요.

1분 2분 3분 4분 5분 6분

❶

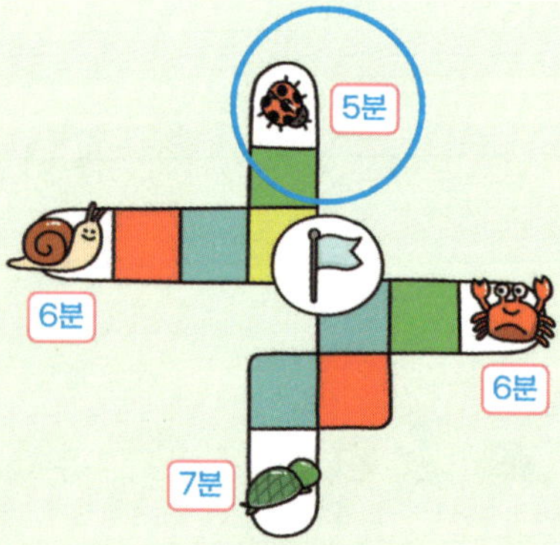


❷

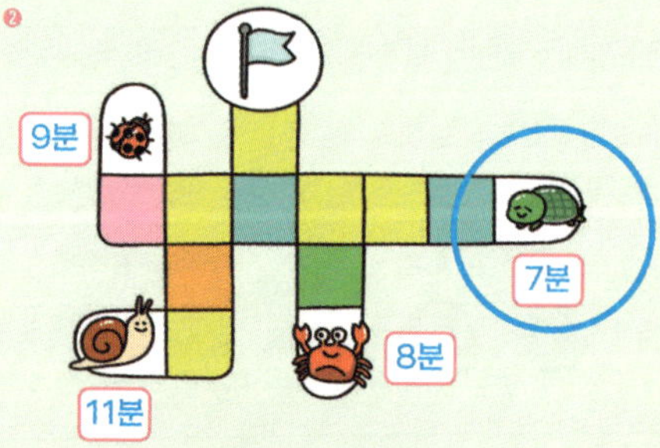


❸

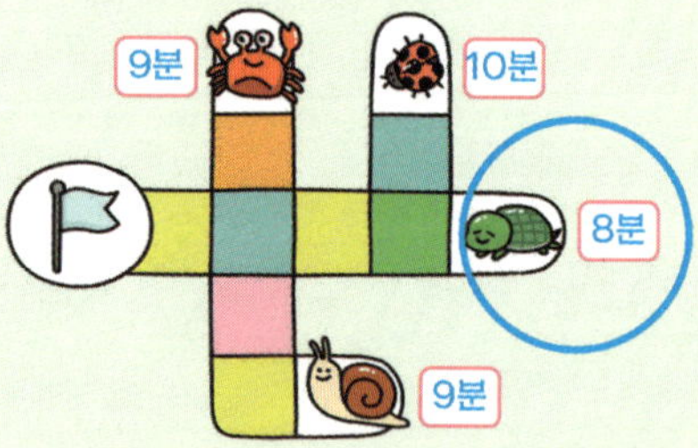

## STEP 3 · 수를 더해서 빙고를 채워요

월    일

**1** 다음 계산식 결과를 아래 빙고판에서 찾아 ○표 해 보세요. 한 줄 빙고가 완성돼야 합니다. (단, 같은 수는 한 번만 표시할 수 있어요.)

5+3+1= 9     5+3-1= 7
5-3+1= 3     5-3-1= 1

| 1 | 2 | ③ | 4 |
|---|---|---|---|
| 5 | 8 | ⑦ | 3 |
| 9 | 10 | ⑨ | 5 |
| 3 | 7 | ① | 8 |

**2** 다음 계산식 결과를 아래 빙고판에서 찾아 ○표 해 보세요. 두 줄 빙고가 완성돼야 합니다. (단, 같은 수는 한 번만 표시할 수 있어요.)

5+4+3+2= 14     5+4-3-2= 4     5-2+4+3= 10
5-4+3-2= 2      5+4-3+2= 8     5+2-4-3= 0
5-4+3+2= 6



| 1 | 2 | 3 | ④ |
|---|---|---|---|
| ② | ⑥ | ⑭ | ⓪ |
| 9 | ⑩ | 11 | 12 |
| ⑧ | 13 | 5 | 7 |





## STEP 1 · ❸ 더해서 10 만들기
## 두 수를 더해 10을 만들어요

월    일

**1** [보기]와 같이 두 수의 합이 10이 되도록 신발 끈을 연결해 보세요.

보기

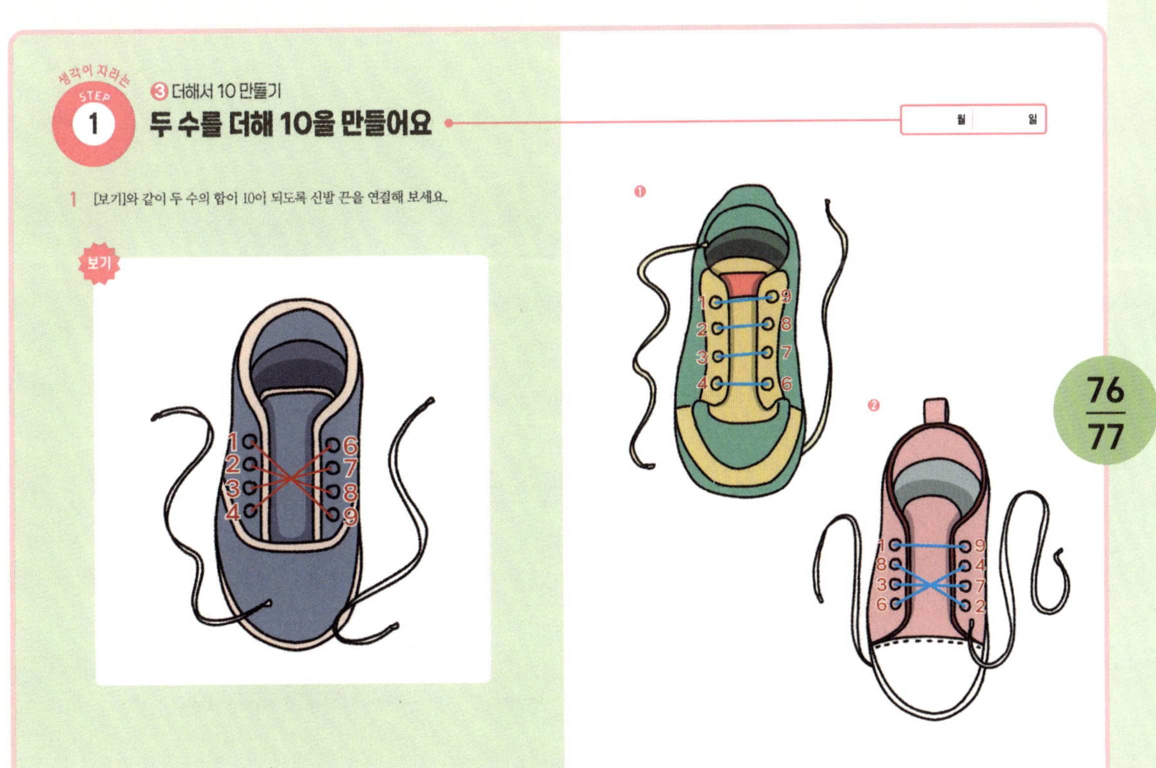

생각이 자라는 STEP 1

월 일

78/79

③

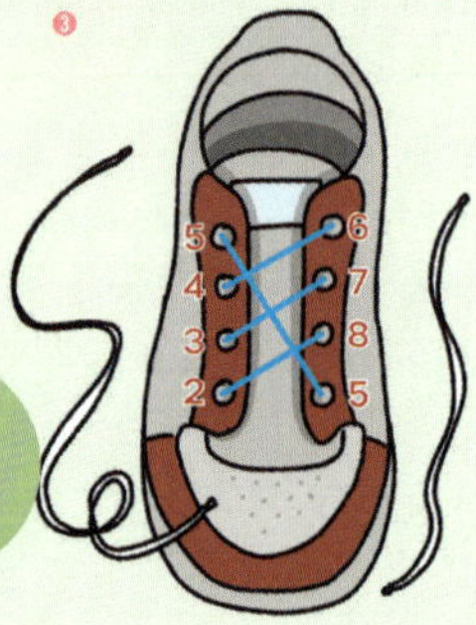


④

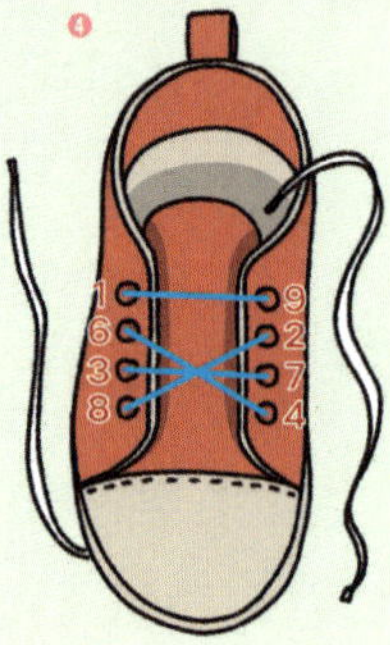


⑤

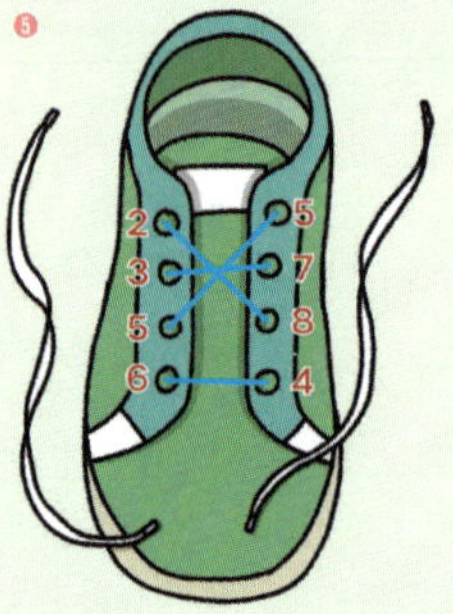


⑥

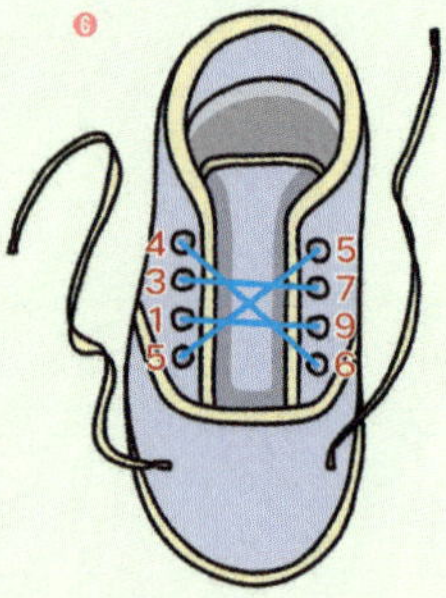


생각이 자라는 STEP 1

월 일

80/81

**2** 그림 조각에 써 있는 두 수의 합이 10이 되도록 [보기]처럼 색칠해 보세요.
(단, 두 조각은 서로 붙어 있어야 해요.)

보기

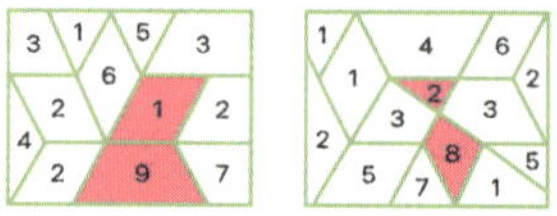

(○) (×)

①

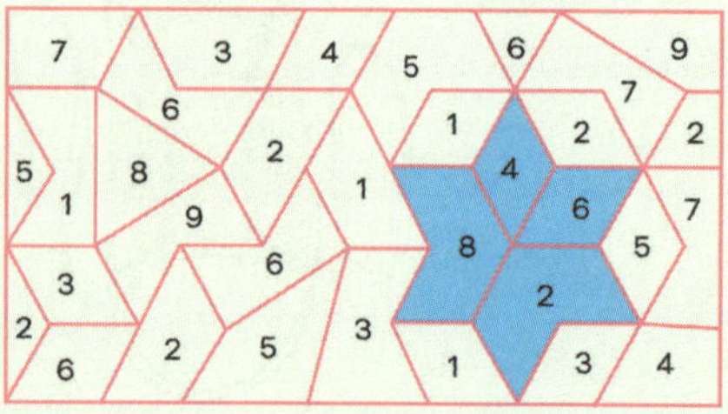

②

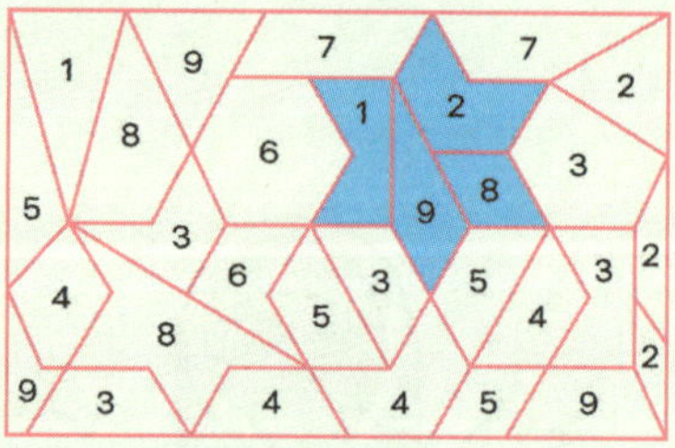

③

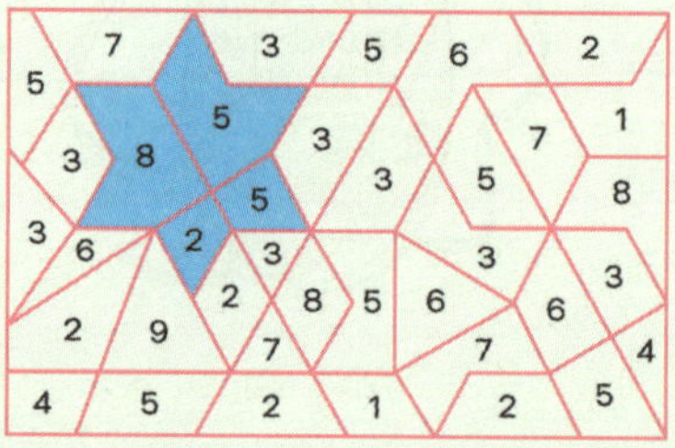

응용력이 커지는 STEP 2

## 10이 되도록 수를 연결해요

월 일

1 카드를 모아 10이 되도록 만들어 보세요. [보기]처럼 여러 개를 묶어도 좋아요. 남는 카드는 없어야 해요.

보기

①

②

③

④

82
83

응용력이 커지는 STEP 2

월 일

2 [보기]와 같이 가로와 세로에 놓인 세 수의 합이 10이 되도록 빈칸을 채워 보세요.

보기

①

②

③

④

⑤

84
85

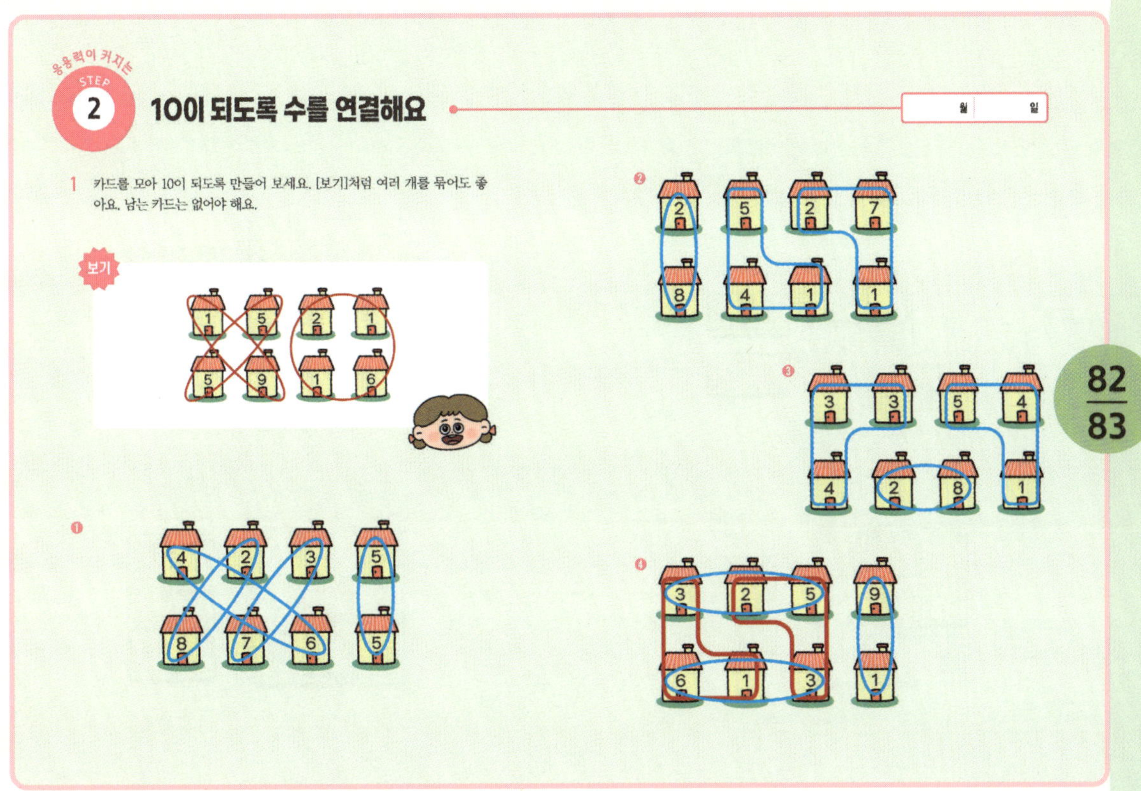

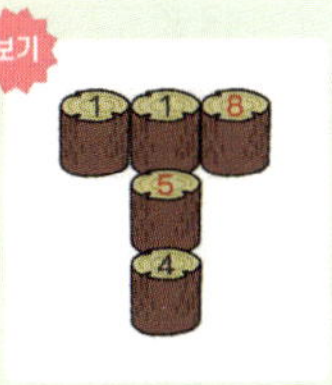

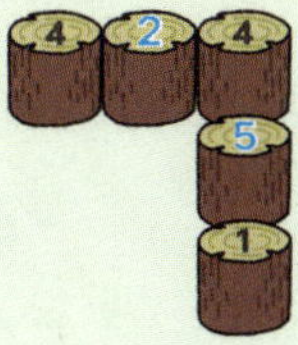

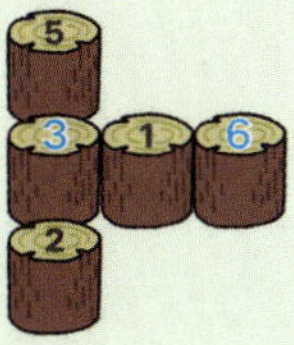

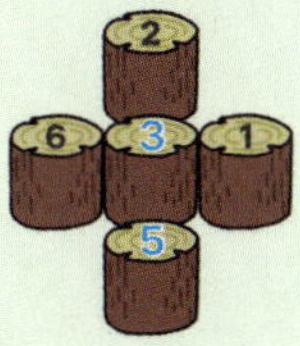

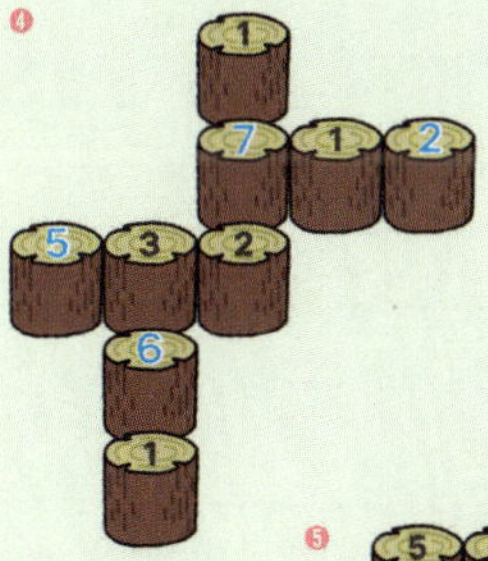

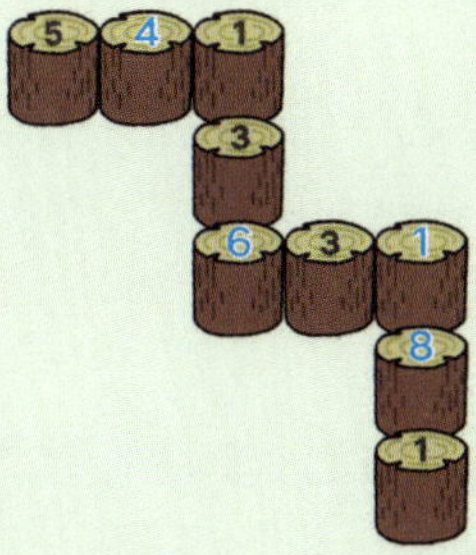

86
87

응용력이 커지는 STEP 2

월 일

3 다음 빈칸에 아래 도미노 조각을 알맞게 놓아 가로와 세로의 합이 각각 10이 되도록 만들어 보세요. [보기]와 같이 빈칸에 들어갈 눈의 수를 써 보세요. (단, 가운데 줄은 10이 되지 않아도 돼요.)

보기

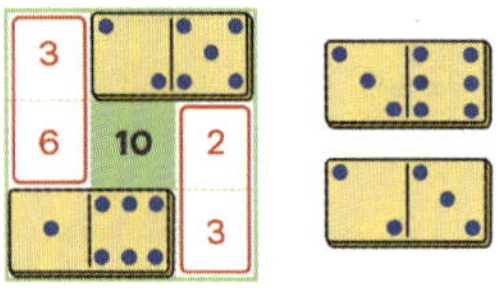


❶

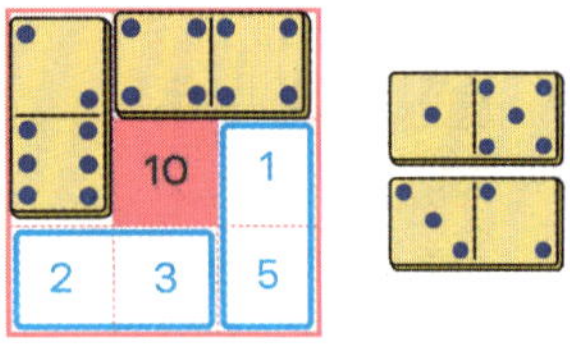


❷

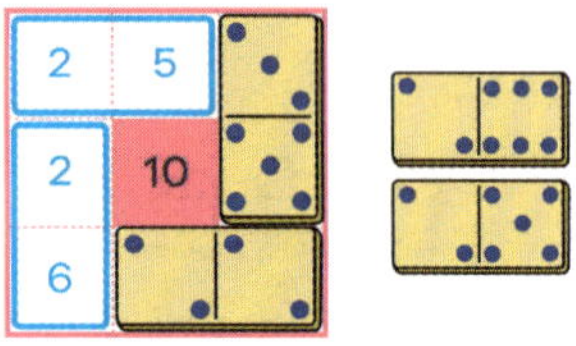


❸

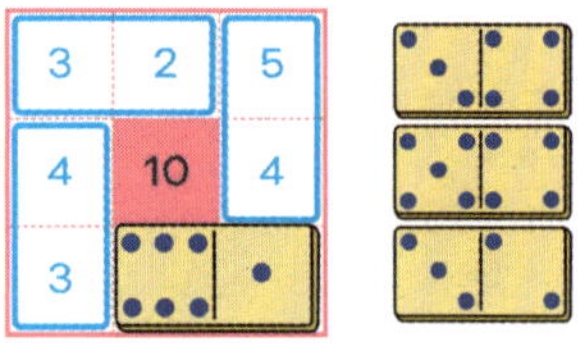


88
89

창의력이 샘솟는 STEP 3

## 여러 수를 더해 10을 만들어요

월 일

1 가로, 세로, 대각선에 놓인 네 수의 합이 모두 10이 돼야 해요. 주어진 수 카드를 한 번씩 이용해 완성해 보세요.

❶

1 1 1 2 2 3 6 7

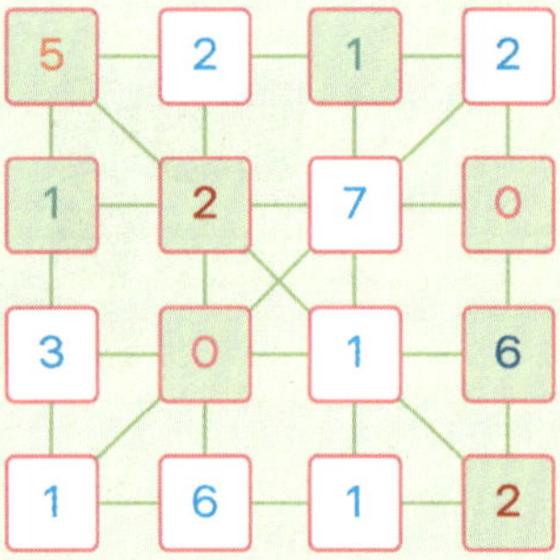


❷

2 2 2 3 3 3 5 6 6

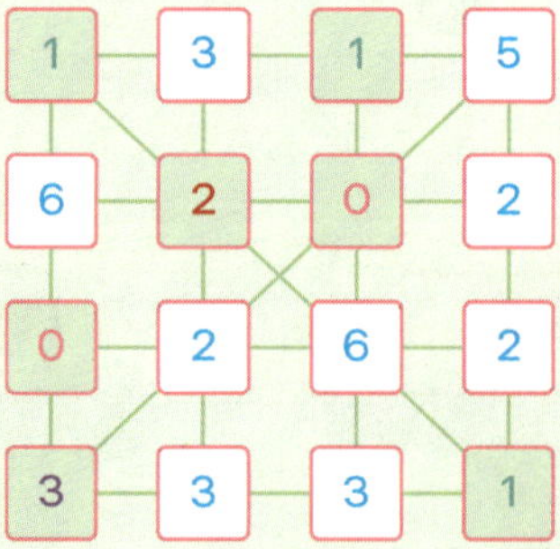

월 일

❸

| 1 | 1 | 3 | 3 | 3 | 4 | 4 | 4 | 5 |

| 1 | 4 | 3 | 2 |
| 1 | 2 | 4 | 3 |
| 5 | 1 | 3 | 1 |
| 3 | 3 | 0 | 4 |

❹

| 2 | 2 | 2 | 2 | 3 | 3 | 4 | 4 | 5 |

| 2 | 2 | 2 | 4 |
| 1 | 5 | 2 | 2 |
| 3 | 0 | 3 | 4 |
| 4 | 3 | 3 | 0 |

90 / 91

생각이 자라는
STEP
1

❶ 두 자리 수 더하고 빼기

# 두 자리 수끼리 더하고 빼요

월 일

1 각 과일의 무게는 다음과 같아요. 저울 위에 놓인 과일 무게의 합을 구하고, [보기]처럼 저울에 바늘을 그려 보세요.

보기

| 🍊 | 🍇 |
| 10 | 20 |
| 🍎 | 🍐 |
| 30 | 40 |

94 / 95

생각이 자라는 STEP 1

월 일

96
97

2 저울 위에 놓인 과일 무게의 합은 저울 가운데 써 있고, 키위와 수박의 무게는 다음과 같아요. 무게를 모르는 귤, 사과, 참외의 무게를 각각 구하세요.

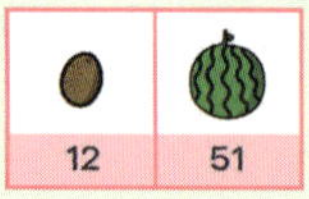

12
51


❶

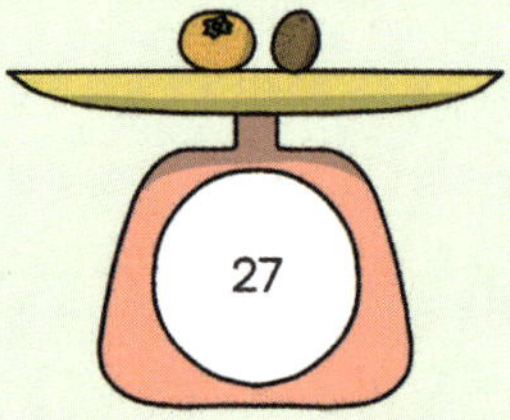

27


15

❷

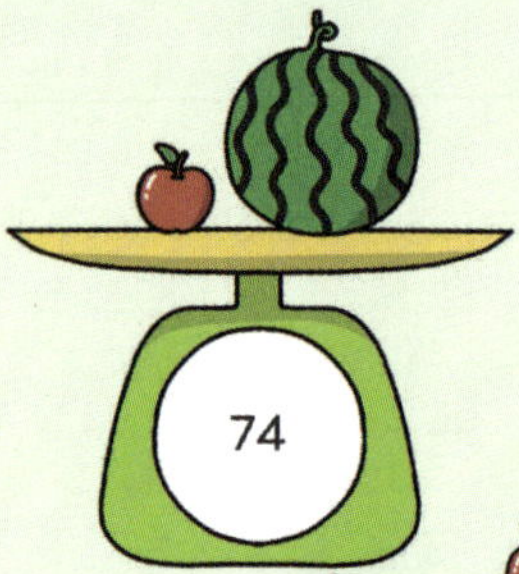

74


23

❸

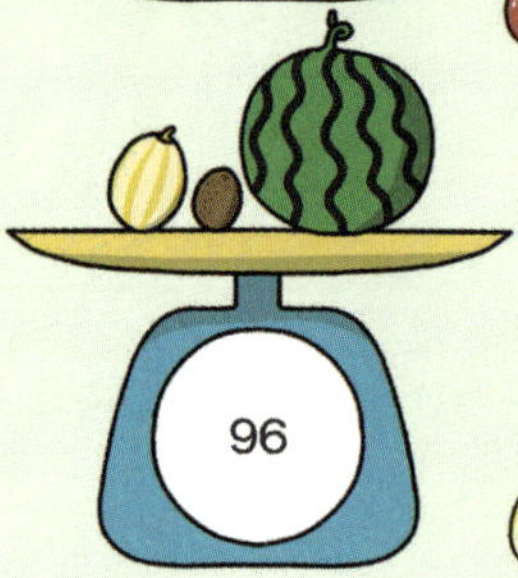

96


33

응용력이 커지는 STEP 2

## 조건에 맞게 더하고 빼요

월 일

98
99

1 동전을 넣는 자동판매기에서 음료수를 사려고 해요. 음료수 2개를 사려면 동전이 몇 개 필요한지 구하세요.

❶ 주스와 콜라

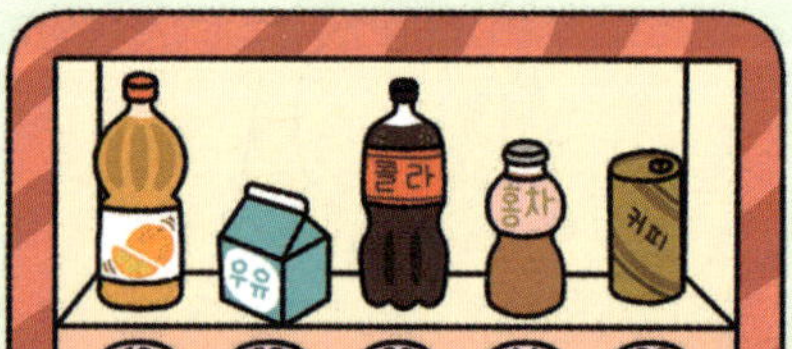

우유
콜라
홍차
커피
12
23
32
14
30


44 개

❷ 딸기 우유와 초코 우유

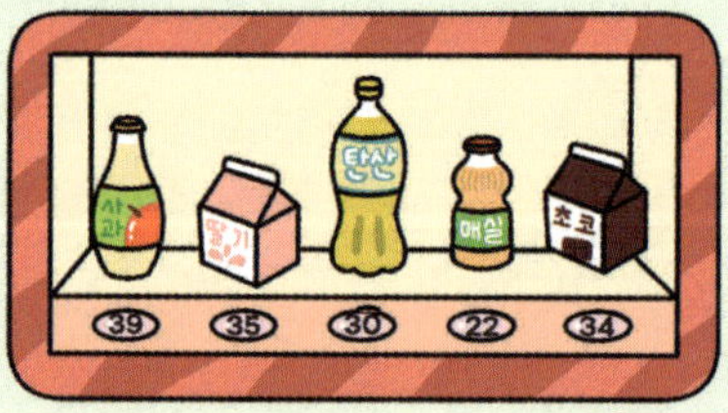

사과
딸기
탄산
매실
초코
39
35
30
22
34


69 개

❸ 이온 음료와 포도 주스

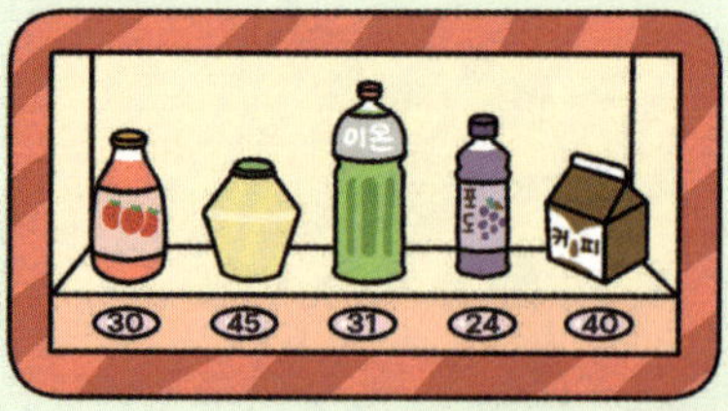

이온
포도
커피
30
45
31
24
40


55 개

2  서원이와 이수가 고른 음료수는 동전이 몇 개 차이 나는지 구하세요.

① 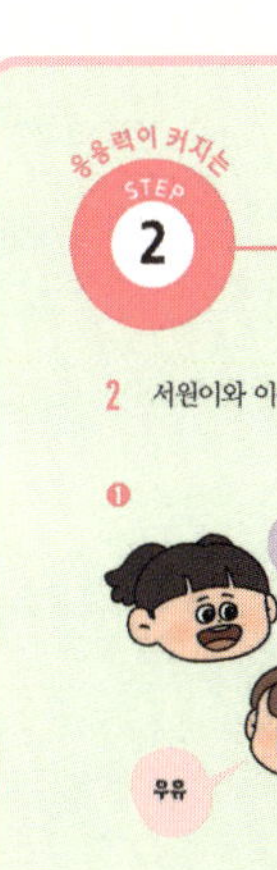

11 개

③ 

21 개

② 

17 개

④ 

14 개



3  다음 메뉴판에서 2개의 메뉴를 고를 수 있습니다. 단, 쿠폰은 남김없이 모두 이용해야 하고, 같은 메뉴는 1개만 고를 수 있어요.

| 김밥 | 샌드위치 | 소시지 | 쿠키 | 사탕 |
|---|---|---|---|---|
| ① 21 | ② 15 | ③ 5 | ④ 10 | ⑤ 8 |
| 사과 | 주스 | 껌 | 바나나 우유 | 닭다리 |
| ⑥ 12 | ⑦ 14 | ⑧ 11 | ⑨ 13 | ⑩ 23 |

① 서원이는 쿠폰이 25장 있어요. 서원이가 고를 수 있는 간식 2개를 번호로 쓰고, 모두 더해서 25가 되는지 확인해 보세요. 여러 가지 경우를 모두 찾아 보세요.

예 ⑥+⑨=12+13=25
②+④=15+10=25
⑦+⑧=14+11=25
25

② 이수는 쿠폰이 26장 있어요. 이수가 고를 수 있는 간식 2개를 번호로 쓰고, 모두 더해서 26이 되는지 확인해 보세요. 여러 가지 경우를 모두 찾아 보세요.

①+③=21+5=26
②+⑧=15+11=26
⑥+⑦=12+14=26
26

③ 은우는 쿠폰이 28장 있어요. 은우가 고를 수 있는 간식 2개를 번호로 쓰고, 모두 더해서 28이 되는지 확인해 보세요. 여러 가지 경우를 모두 찾아 보세요.

②+⑨=15+13=28
③+⑩=5+23=28
28

100
101

102
103

# 수를 더한 다음 비교해요



1 다음은 5명의 친구가 각각 4회씩 과녁 맞히기를 한 결과입니다.

❶ 각자 점수 합계가 몇 점인지 구하고, 가장 높은 점수를 얻은 사람은 누구인지 써 보세요.

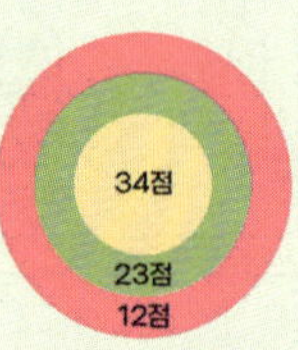


| 이름＼횟수 | 1회 | 2회 | 3회 | 4회 | 점수 합계 |
|---|---|---|---|---|---|
| 은우 | 10 | 5 | 10 | 10 | 35 |
| 시윤 | 0 | 10 | 5 | 10 | 25 |
| 도연 | 10 | 20 | 0 | 10 | 40 |
| 서진 | 5 | 10 | 10 | 20 | 45 |
| 지호 | 20 | 10 | 0 | 10 | 40 |

가장 높은 점수를 얻은 사람   서진

❷ 각자 점수 합계가 몇 점인지 구하고, 가장 낮은 점수를 얻은 사람은 누구인지 써 보세요.



| 이름＼횟수 | 1회 | 2회 | 3회 | 4회 | 점수 합계 |
|---|---|---|---|---|---|
| 은우 | 23 | 12 | 0 | 23 | 58 |
| 시윤 | 12 | 23 | 12 | 12 | 59 |
| 도연 | 23 | 12 | 12 | 0 | 47 |
| 서진 | 0 | 34 | 12 | 23 | 69 |
| 지호 | 12 | 12 | 12 | 12 | 48 |

가장 낮은 점수를 얻은 사람   도연



❷ 10으로 더하고 빼기

# 10으로 묶어 더하고 빼요



1 아래 대화를 읽고, 다음 식의 합을 구하세요. 합을 구할 때는 세아처럼 합이 10이 되는 두 수를 찾아 ○로 묶은 다음 나머지를 계산해 보세요.

① 7+3+5 = 15     ② 6+3+4 = 13

③ 6+9+1 = 16     ④ 8+6+4 = 18

⑤ 5+7+5 = 17     ⑥ 2+8+9 = 19

2 9+5를 아래 [보기]처럼 두 가지 방법으로 계산해 보세요.

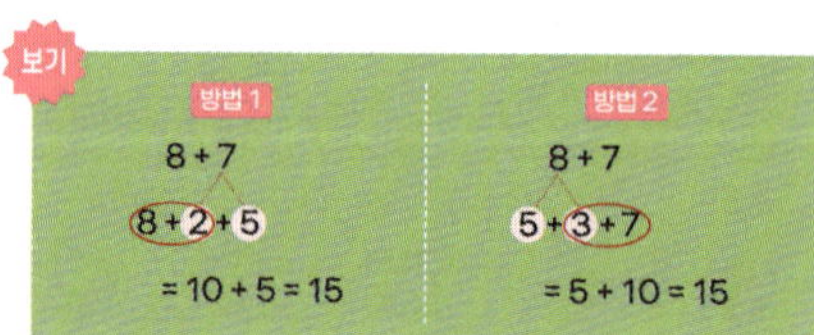


9 + 5
4 + 5 + 5
= 4 + 10 = 14

9 + 5
9 + 1 + 4
= 10 + 4 = 14

생각이 자라는 STEP 1

월 일

3 13-8을 아래 [보기]처럼 두 가지 방법으로 계산해 보세요.

보기

| 방법 1 | 방법 2 |
|---|---|
| 12 - 9 | 12 - 9 |
| 12 - 2 - 7 | 10 - 9 + 2 |
| = 10 - 7 = 3 | = 1 + 2 = 3 |

| | |
|---|---|
| 13 - 8 | 13 - 8 |
| 13 - 3 - 5 | 10 - 8 + 3 |
| = 10 - 5 = 5 | = 2 + 3 = 5 |

4 아래 시험지를 채점하고 틀린 부분을 바르게 고치세요.

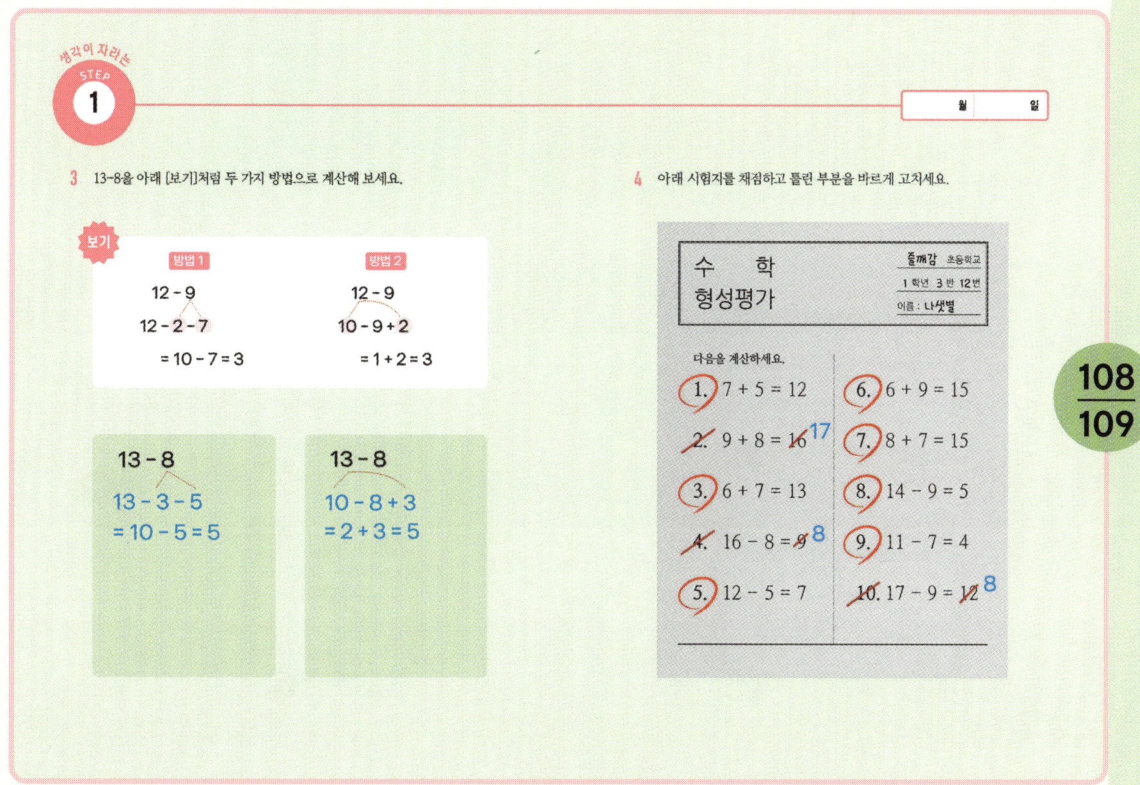

수 학
형성평가
즐깨감 초등학교
1 학년 3 반 12번
이름 : 나샛별

다음을 계산하세요.

1. 7 + 5 = 12
2. 9 + 8 = 16 17
3. 6 + 7 = 13
4. 16 - 8 = 9 8
5. 12 - 5 = 7
6. 6 + 9 = 15
7. 8 + 7 = 15
8. 14 - 9 = 5
9. 11 - 7 = 4
10. 17 - 9 = 12 8

응용력이 커지는 STEP 2

# 더하고 뺀 다음 비교해요

월 일

1 계산 결과가 같은 것끼리 선으로 이어 보세요.

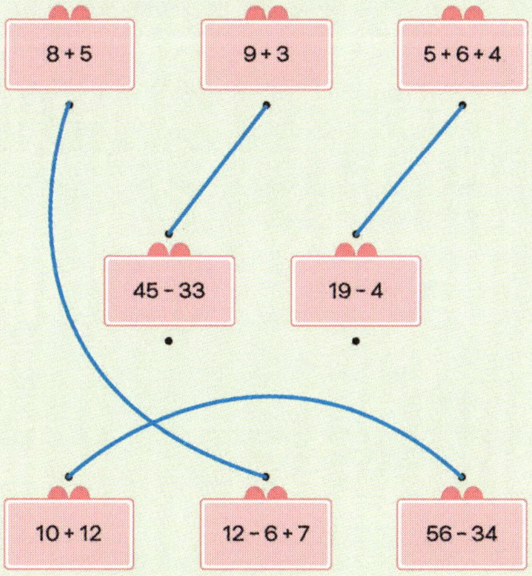

8 + 5
9 + 3
5 + 6 + 4
45 - 33
19 - 4
10 + 12
12 - 6 + 7
56 - 34


2 계산 결과가 작은 순서대로 카드 번호를 써 보세요.

❶ 7 + 5 ❷ 6 + 8 ❸ 9 + 4 ❹ 8 + 7

① → ③ → ② → ④

3 계산 결과가 큰 순서대로 카드 번호를 써 보세요.

❶ 18-5-6 ❷ 5+6-3 ❸ 4+3+5 ❹ 15-8+6

④ → ③ → ② → ①

108
109

110
111

**4** 다음 꽃밭을 ▢ 모양과 ⌐ 모양으로 남김없이 나누려고 해요. 이때 각 모양 안에 들어가는 수가 정해진 합과 같도록 모양을 나눠 보세요.



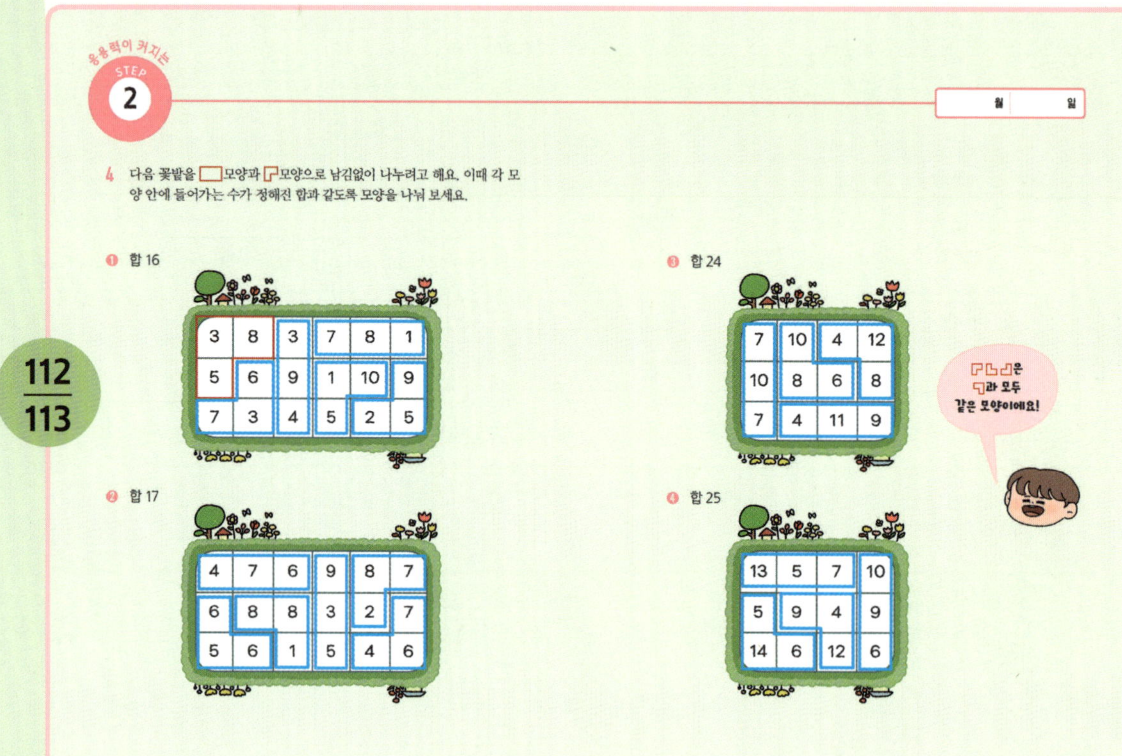




**5** 화살을 동그란 과녁에 맞히면 그 수만큼 점수를 얻고, 네모난 과녁에 맞히면 그 수만큼 점수를 잃어요.

❶ 도연이가 쏜 화살은 15와 6에, 은우가 쏜 화살은 13과 9에 맞았어요. 도연이와 은우는 각각 몇 점을 얻었나요? 점수는 누가 더 많이 얻었나요?

도연 15-6= 9 점        은우 13-9= 4 점

도연이 가 5 점 더 얻었습니다.

❷ 도연이가 화살을 세 번 쏴서 20점을 얻었어요. 도연이가 쏜 화살 두 개는 15와 8에 맞았어요. 다른 하나는 몇 점에 맞았을까요?

도연, 15-8=7점
20-7=13점 더 얻어야 하므로 13점에 맞았다.

❸ 은우가 화살을 세 번 쏴서 19점을 얻었어요. 은우가 쏜 화살 두 개는 13과 8에 맞았어요. 다른 하나는 몇 점에 맞았을까요?

은우, 13-8=5점
19-5=14점 더 얻어야 하므로 14점에 맞았다.

# 3 다른 숫자로 같은 값을 만들어요

월 일

**1** 수 카드 3개를 골라 하나의 식을 완성하려고 해요. 하나의 식에서 같은 수 카드는 한 번씩만 이용해서 식을 완성해 보세요.

**❶** 수 카드 3개의 합이 15가 되는 식 3개를 써 보세요.

| 4 | 3 | 6 |
| 8 | 10 | 2 |
| 5 | 12 | 1 |

□ + □ + □ =15

예 10+4+1=15

10+3+2=15  4+3+8=15
6+8+1=15  12+1+2=15
4+6+5=15  6+4+5=15

**❷** 수 카드 3개의 차가 4가 되는 식 3개를 써 보세요.

| 7 | 3 | 6 |
| 8 | 10 | 9 |
| 2 | 20 | 14 |

□ − □ − □ =4

예 14−7−3=4

14−8−2=4  20−9−7=4
20−10−6=4  9−2−3=4
20−14−2=4



# 3

월 일

**2** 수 카드 중 4개를 골라 뺄셈식 3개를 완성하려고 해요. 하나의 식에서 같은 수 카드는 한 번씩만 이용해서 식을 완성해 보세요.

**❶**

| 12 | 3 | 7 |
| 9 | 5 | 15 |
| 13 | 16 | 2 |

16 − 9 − 5 = 2
(9, 5, 2의 위치가 달라도 가능)

15 − 7 − 5 = 3
(7, 5, 3 위치가 달라도 가능)

12 − 7 − 3 = 2
(7, 3, 2 위치가 달라도 가능)

**❷**

| 5 | 14 | 7 |
| 4 | 12 | 15 |
| 17 | 8 | 2 |

17 − 8 − 2 = 7
(8, 7, 2의 위치가 달라도 가능)

15 − 5 − 2 = 8
(5, 2, 8의 위치가 달라도 가능)

14 − 8 − 2 = 4
(8, 2, 4의 위치가 달라도 가능
또는 7, 5, 2를 대신 넣어도 가능)

생각이 자라는 STEP 1

❶ 재미있는 연산 퀴즈

## 규칙에 따라 수를 더하고 빼요

월 일

122
123

1 수 피라미드에서 규칙을 찾아 빈칸에 알맞은 수를 써 보세요.

보기

12
3 9

15
11 4
8 3 1

❶
16
7 9
4 3 6

❷
20
8 12
3 5 7

❸
13
6 7
2 4 3

❹
16
9 7
4 5 2

❺
12
7 5
3 4 1

❻
17
8 9
4 4 5

생각이 자라는 STEP 1

월 일

124
125

2 계산 결과가 15인 칸을 따라 여행을 떠나요. 여행하는 길을 찾아 선을 그어 보세요.

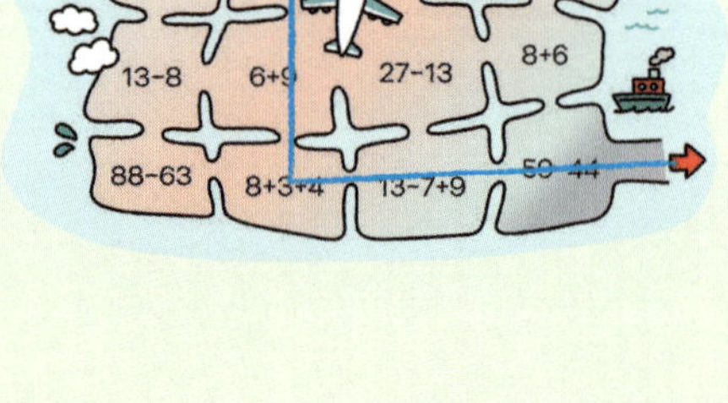


3 계산 결과가 64인 칸을 따라가야 귀신의 집을 빠져나올 수 있어요. 빠져나오는 길을 찾아 선을 그어 보세요.

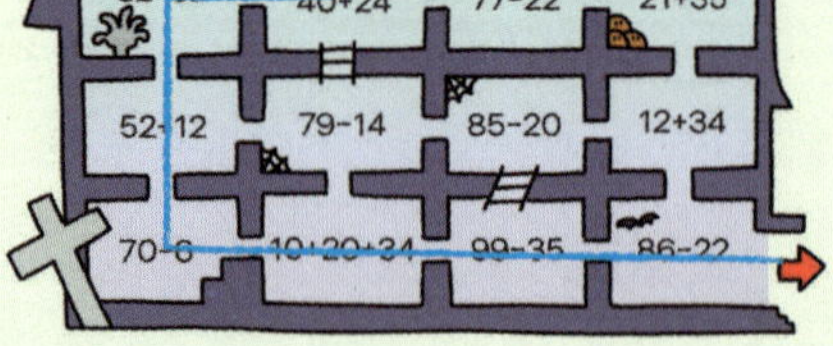

응용력이 커지는 STEP 2

## 규칙에 맞게 수를 채워요

월 일

1 세 수의 합이 20이 되도록 ●안에 알맞은 수를 써 보세요.

❶

❷

2 가로, 세로, 대각선 위의 세 수의 합이 모두 같도록 빈칸에 알맞은 수를 써 보세요.

❶

| | | |
|---|---|---|
| 2 | 9 | 4 |
| 7 | 5 | 3 |
| 6 | 1 | 8 |

❷

| | | |
|---|---|---|
| 7 | 5 | 15 |
| 17 | 9 | 1 |
| 3 | 13 | 11 |

126
127

응용력이 커지는 STEP 2

월 일

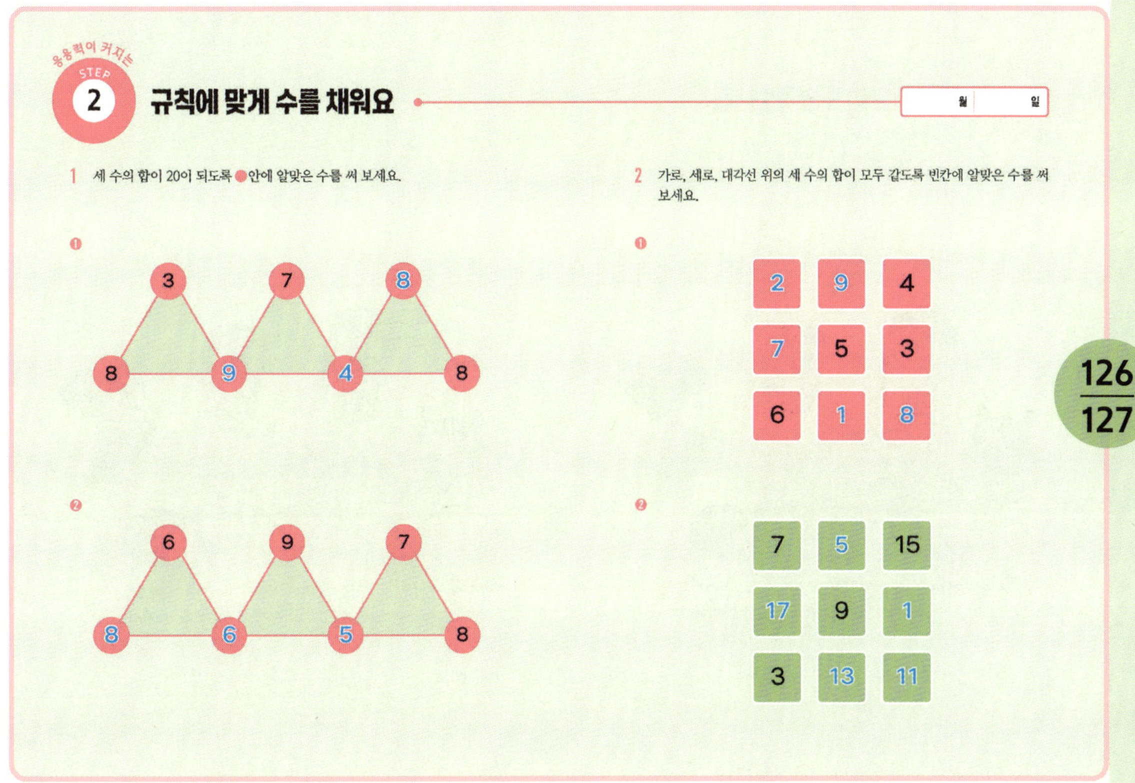

3 수 과녁판에서 규칙을 찾아 빈칸에 알맞은 수를 써 보세요.

❶

❷

❸

❹

4 수 바람개비에서 규칙을 찾아 빈칸에 알맞은 수를 써 보세요.

❶

❷

❸

❹

128
129

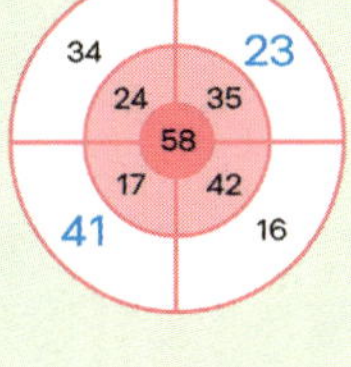

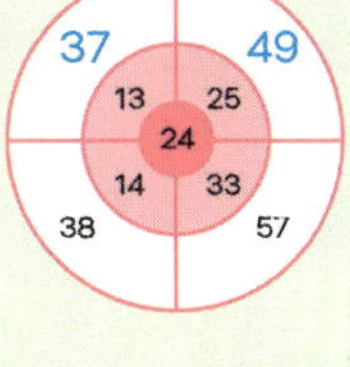

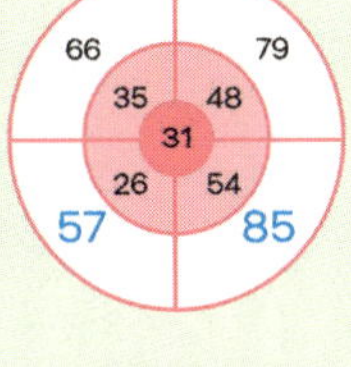

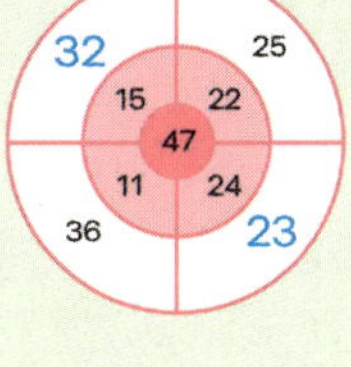

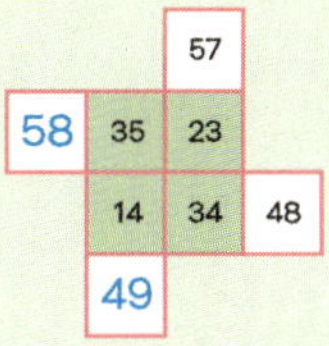

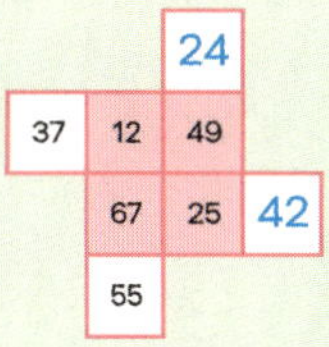

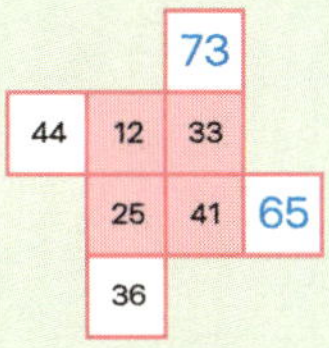

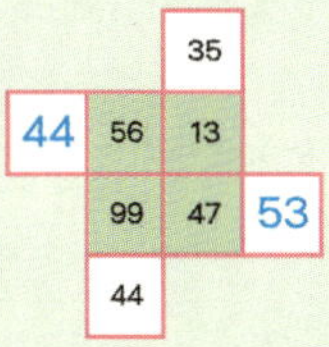

# 같은 값으로 모양을 나눠요



**1** 다섯 명이 모여 남는 부분 없이 땅을 나누려고 합니다. 선을 그어 나타내 보세요.

**❶** 모두 56씩 나눠 가져요. 연결된 땅만 가질 수 있어요.

| 10 | 22 | 23 |
|----|----|----|
| 24 | 21 | 13 |
| 31 | 35 | 20 |
| 25 | 44 | 12 |

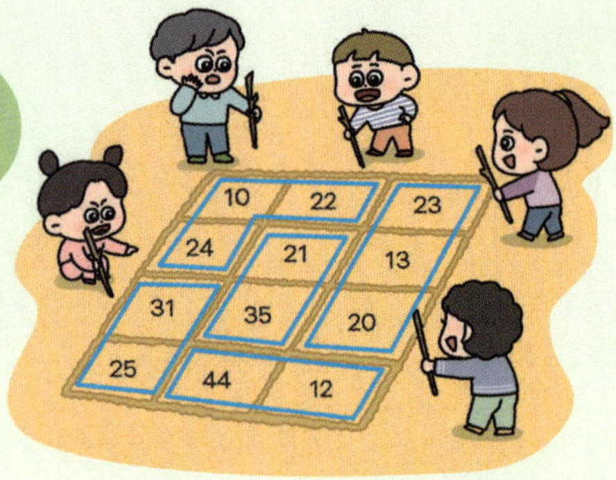

**❷** 모두 58씩 나눠 가져요. 연결된 땅만 가질 수 있어요.

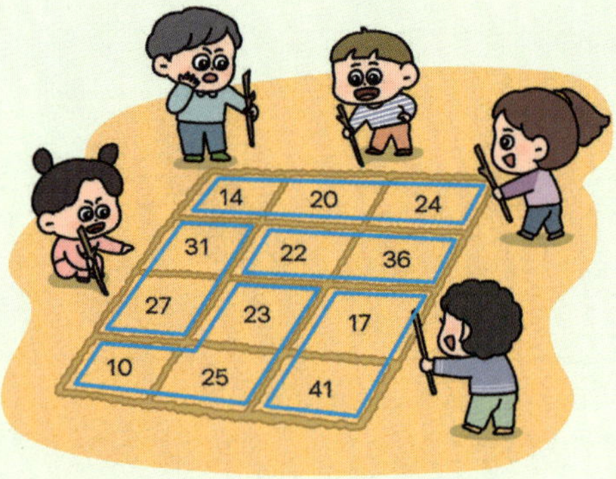

| 14 | 20 | 24 |
|----|----|----|
| 31 | 22 | 36 |
| 27 | 23 | 17 |
| 10 | 25 | 41 |



**❷ 재미있는 연산 퍼즐**

# 더하고 빼서 빈칸을 채워요



**1** 빈칸을 채워 가로 줄과 세로 줄의 식을 완성해 보세요.

**❶**

| 21 | + | 12 | = | 33 |
|----|---|----|---|----|
| +  |   | +  |   | +  |
| 32 | + | 13 | = | 45 |
| =  |   | =  |   | =  |
| 53 | + | 25 | = | 78 |

**❸**

| 18 | + | 11 | = | 29 |
|----|---|----|---|----|
| −  |   | −  |   | −  |
| 9  | + | 3  | = | 12 |
| =  |   | =  |   | =  |
| 9  | + | 8  | = | 17 |

**❷**

| 57 | − | 46 | = | 11 |
|----|---|----|---|----|
| −  |   | −  |   | −  |
| 45 | − | 43 | = | 2  |
| =  |   | =  |   | =  |
| 12 | − | 3  | = | 9  |

**❹**

| 36 | + | 12 | = | 48 |
|----|---|----|---|----|
| −  |   | −  |   | −  |
| 15 | + | 5  | = | 20 |
| =  |   | =  |   | =  |
| 21 | + | 7  | = | 28 |

생각이 자라는 STEP 1

월 일

2 빈칸을 채워 가로 줄과 세로 줄의 식을 완성해 보세요.

❶

| | | | | | | | | | | |
|---|---|---|---|---|---|---|---|---|---|---|
| 11 | | | | | | | | | | |
| + | | | | | | | | | | |
| 38 | - | 10 | = | 28 | | 89 | - | 58 | = | 31 |
| = | | | | - | | | | - | | |
| 49 | | | | 17 | | | | 44 | | |
| | | | | = | | | | = | | |
| | | | | 11 | + | 3 | = | 14 | | |

❷

| | | | | |
|---|---|---|---|---|
| 7 | + | 12 | = | 19 |
| + | | | | - |
| 8 | | | | 13 |
| = | | | | = |
| 15 | - | 9 | = | 6 |
| | | + | | |
| | | 7 | | |
| | | = | | |
| 52 | + | 16 | = | 68 |

134/135

응용력이 커지는 STEP 2

## 더하고 빼서 값을 구해요

월 일

1 종류가 다른 초콜릿이 나타내는 수는 각각 달라요. 다음 식을 보고, 각 초콜릿이 나타내는 수를 구하세요.

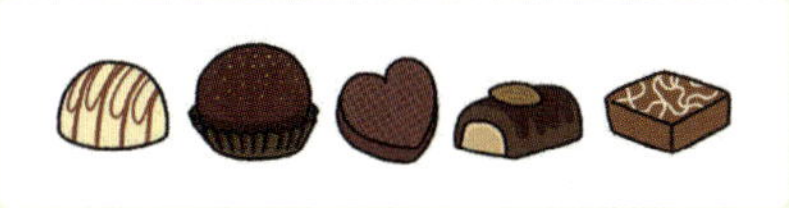

❶ 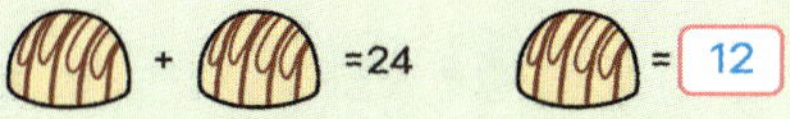
=24 … 12

❷ 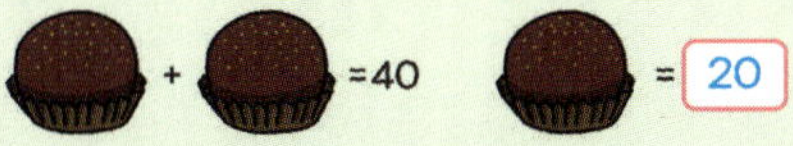
=40 … 20

❸ 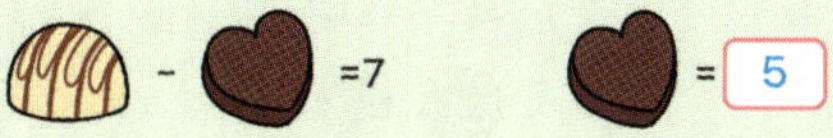
=7 … 5

❹ 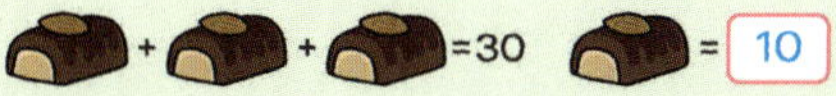
=30 … 10

❺ 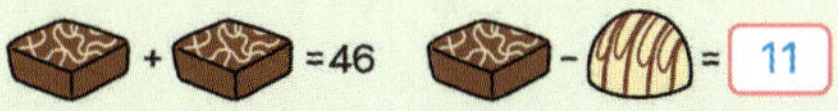
=46 … 11

136/137

138
139

응용력이 커지는 STEP 2

월 일

2 종류가 다른 쿠키가 나타내는 수는 각각 달라요. 다음 식을 보고, 각 쿠키가 나타내는 수를 구하세요.

❶
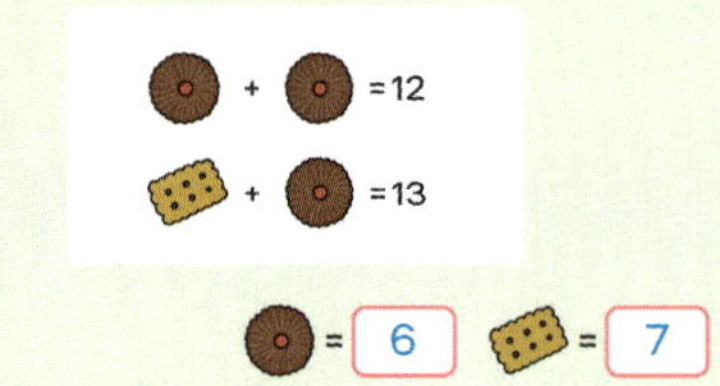

+ =12
+ =13
= 6
= 7


❷
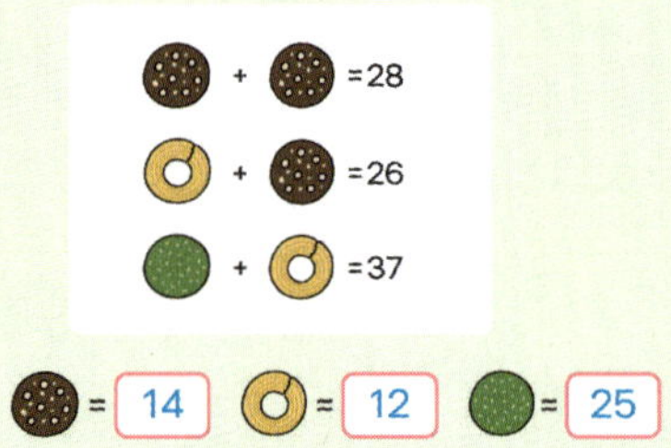

+ =28
+ =26
+ =37
= 14
= 12
= 25


❸
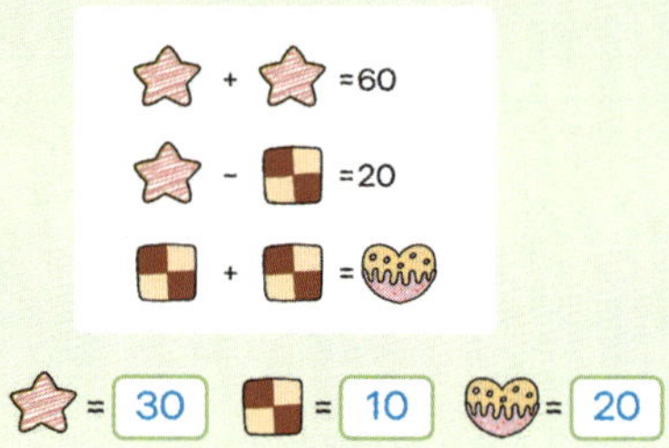

+ =60
- =20
+ =
= 30
= 10
= 20


❹
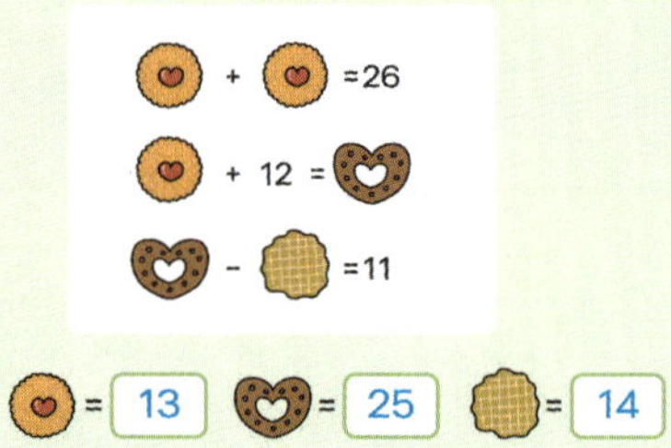

+ =26
+ 12 =
- =11
= 13
= 25
= 14


140
141

응용력이 커지는 STEP 2

월 일

3 가로 합과 세로 합을 나타낸 표예요. 각 초콜릿과 쿠키가 나타내는 수를 찾아 써 보세요.

❶
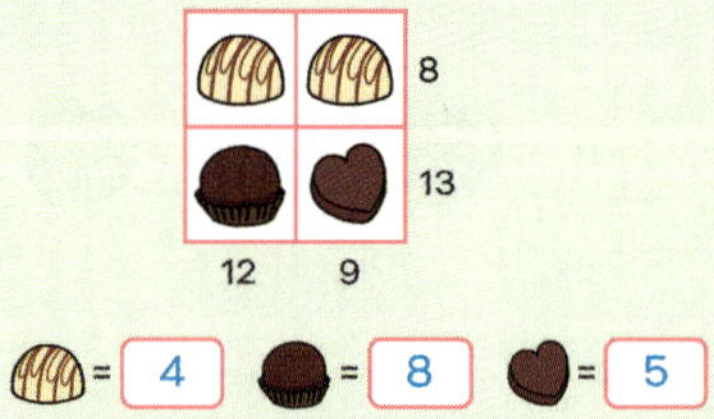

8
13
12 9
= 4
= 8
= 5


❷
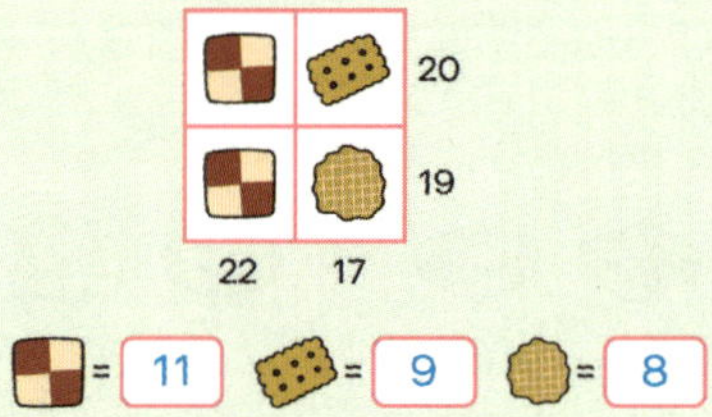

20
19
22 17
= 11
= 9
= 8


❸
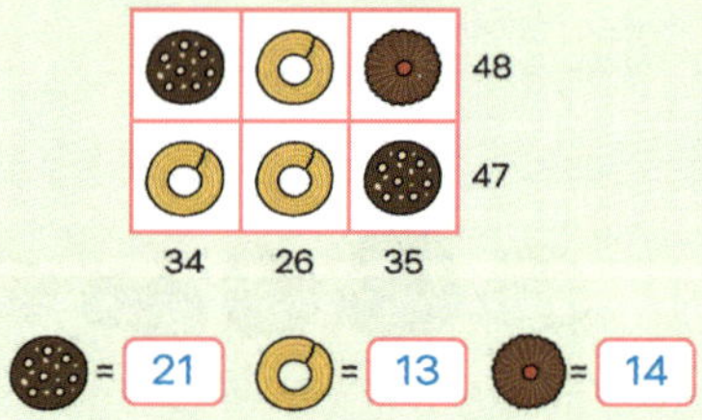

48
47
34 26 35
= 21
= 13
= 14


❹
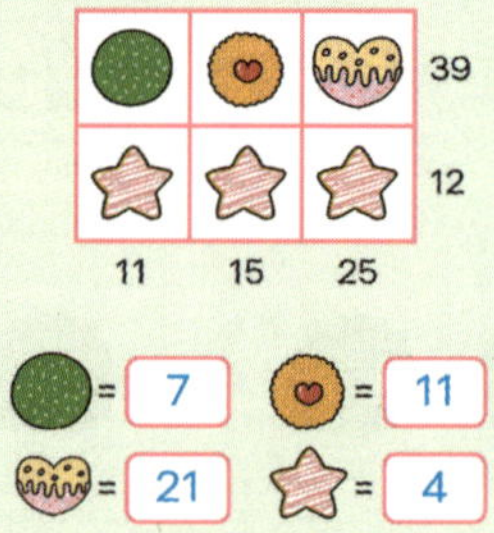

39
12
11 15 25
= 7
= 11
= 21
= 4

# 더하고 빼서 식을 완성해요



1  [보기]와 같이 수 카드를 활용해 여러 가지 식을 만들려고 해요. 하나의 식에서 수 카드는 한 번씩만 이용해 식을 완성해 보세요.

**보기**

| 2 | 3 | 4 |

3 − 2 = 1

4 − 2 = 2

2 + 4 − 3 = 3

| 2 | 3 | 7 | 9 |

3 − 2 = 1          9 − 7 = 2

2 + 3 + 7 − 9 = 3

7 − 3 = 4          2 + 3 = 5

9 − 3 = 6          9 − 2 = 7

7 + 3 − 2 = 8
(9+2-3=8도 가능)

2 + 7 = 9          3 + 7 = 10

2 + 9 = 11         3 + 9 = 12

142 / 143

memo

memo

memo